国家林业和草原局职业教育"十四五"规划教材

森林康养基地概论

李新贵　郝武峰　彭丽芬　主编

中国林业出版社
China Forestry Publishing House

内容简介

森林康养基地建设涉及多行业、多学科、多业态，组合度和融合度非常高。本教材系统介绍了森林康养基地建设的要求和内容，主要内容包括：认识森林与森林康养、认识森林康养基地、森林康养资源调查、森林康养基地现状评价、森林康养基地规划与布局、森林康养基地设施建设、森林康养基地产品开发、森林康养基地环境监测、森林康养基地安全风险管理、森林康养基地认证与申报等。全书结构合理，内容翔实，案例丰富，图文并茂，有利于学生掌握森林康养基地建设的基础知识。

本教材适用于职业教育康养休闲旅游服务专业课程教学，同时可以作为林业生产技术、园林技术、智慧健康养老服务、旅游服务与管理等专业的选修课教材，也可作为森林康养基地工作人员的参考书籍。

图书在版编目(CIP)数据

森林康养基地概论/李新贵，郝武峰，彭丽芬主编.—北京：中国林业出版社，2024.4

国家林业和草原局职业教育"十四五"规划教材

ISBN 978-7-5219-2703-0

Ⅰ.①森… Ⅱ.①李… ②郝… ③彭… Ⅲ.①森林生态系统-医疗保健事业-中国-中等专业学校-教材

Ⅳ.①R199.2

中国国家版本馆 CIP 数据核字(2024)第 092739 号

策划、责任编辑：曾琬淋
责任校对：梁翔云
封面设计：时代澄宇

出版发行：中国林业出版社
　　　　　（100009，北京市西城区刘海胡同7号，电话 010-83143630）
电子邮箱：cfphzbs@163.com
网　址：www.cfph.net
印　刷：北京中科印刷有限公司
版　次：2024年4月第1版
印　次：2024年4月第1次
开　本：787mm×1092mm　1/16
印　张：12.75
字　数：306千字
定　价：48.00元

数字资源

《森林康养基地概论》
编写人员名单

主　编　李新贵(贵州省林业学校)
　　　　　郝武峰(贵州省林业基金管理站)
　　　　　彭丽芬(贵州省林业学校)

副主编　范　毅(贵州省林业学校)
　　　　　吴政香(凤冈县苏贵茶业旅游发展有限公司)

参　编　(按姓氏拼音排序)
　　　　　丁章超(贵州省林业学校)
　　　　　冯　原(贵州省林业基金管理站)
　　　　　高　昆(贵州省林业对外合作与产业发展中心)
　　　　　郭金鹏(贵州省林业对外合作与产业发展中心)
　　　　　李　瑞(贵州师范大学)
　　　　　罗惠宁(贵州省林业对外合作与产业发展中心)
　　　　　马明英(安顺学院)
　　　　　徐一斐(湖南环境生物职业技术学院)
　　　　　王耀鑫(贵州师范大学)
　　　　　吴　婷(贵州省林业学校)
　　　　　吴元龙(成都农业职业技术学院)
　　　　　祝小科(贵州大学)

主　审　姚建勇(贵州省林业对外合作与产业发展中心)

顾　问　毛贞红(贵州省林业学校)

序

  人类文明经历了史前文明、农业文明、工业文明3个时期，目前正处于工业文明向生态文明转型和发展的重要时期。生态文明是人类文明发展的一个新阶段，是人类遵循人与自然、社会和谐发展这一客观规律而取得的物质与精神成果的总和，是以人与自然、人与人、人与社会和谐共生、良性循环、全面发展、持续繁荣为基本宗旨的社会形态。

  在中国古代思想体系中，"天人合一"的基本内涵是人与自然的和谐共生。进入新时代，习近平生态文明思想成为我国生态文明建设的根本遵循。习近平生态文明思想坚持山水林田湖草沙是生命共同体的整体系统观，坚持人与自然和谐共生的科学自然观，坚持"绿水青山就是金山银山"的绿色发展观。党的二十大报告强调，中国式现代化是中国共产党领导的社会主义现代化，是物质文明与精神文明相协调的现代化，是人与自然和谐共生的现代化。发展森林康养产业，既能满足人们追求健康生活的需求，又能促进人民群众树立人与自然和谐共生的理念，是推进林草业供给侧结构性改革与产业转型升级的客观需要，是践行"绿水青山就是金山银山"理念的最好路径。

  森林康养顺应健康中国建设要求，契合推进绿色发展新趋势，满足人们追求健康生活新期待。森林康养产业是旅游、体育、教育、中医药、养老等环境友好型产业的自然延伸，符合低碳、循环、可持续的基本要求。以森林康养产业为突破，加快推进林草业供给侧结构性改革，符合客观形势需要，具有良好的发展前景。

  森林康养基地是森林康养产业发展的重要平台与基础。当前，森林康养基地建设蓬勃开展，截至2022年，我国共有96个国家森林康养基地、1321个国家级森林康养试点建设基地，覆盖全国30个省（自治区、直辖市）。总体而言，森林康养基地还处于规划、建设、探索阶段，基地的建设与运营没有成熟的经验，森林康养专业人才不足。本教材系统论述了森林康养基地建设与运营的理论和实践，提出了森林康养基地建设与运营的思路和策略。本教材的出版，填补了森林康养基地相关教材的空白，有利于推进森林康养专业人才的培养和指导森林康养基地的建设。

李新贵
2023 年 10 月

前言

发展森林康养产业，是科学、合理利用林草资源，践行"绿水青山就是金山银山"理念的有效途径。2019年，国家林业和草原局、民政部、国家卫生健康委员会、国家中医药管理局联合发布了《关于促进森林康养产业发展的意见》，要求加强人才培养，"探索开展森林康养从业人员能力水平评价工作，培养一支懂康养业务、爱康养事业、会经营管理的经营型人才队伍和技术优良、服务意识强、职业操守好的康养技术人员"。

森林康养基地是开展森林康养活动的最主要和最重要的阵地。通过学习，掌握森林康养基地的基本知识、基地建设等理论，对学生是十分必要的。编者参考相关专家和学者的专业书籍，结合国家和各地颁布的相关标准，借鉴最新的研究成果，编写了本教材。

本着理论够用、技能实用、理论与实践一体化的理念，本教材在介绍基本理论的基础上，强调基本操作技能的培养，突出了实用性和实践性。本教材共有10个单元，11个教学实践，系统介绍了森林康养基地建设的要求和内容。内容主要涉及认识森林与森林康养、认识森林康养基地、森林康养资源调查、森林康养基地现状评价、森林康养基地规划与布局、森林康养基地设施建设、森林康养基地产品开发、森林康养基地环境监测、森林康养基地安全风险管理、森林康养基地认证与申报等。全书结构合理，内容翔实，案例丰富，图文并茂，有利于学生掌握森林康养基地建设的基础知识。

本教材由李新贵、郝武峰、彭丽芬牵头负责编写工作。各章节具体编写分工如下：冯原负责编写单元1的1.1；高昆负责编写单元1的1.2；李新贵负责编写单元1的1.3、1.4及实践1-1和实践1-2，单元2的2.1至2.5；郝武峰负责编写单元1

的 1.5，单元 7 的 7.1 至 7.3，单元 10 的 10.1 及实践 10-1；范毅负责编写单元 2 的实践 2-1，单元 3 的 3.2 和 3.3 及实践 3-1，单元 9 的 9.1；祝小科负责编写单元 3 的 3.1；吴政香负责编写单元 4 的 4.1 至 4.5；彭丽芬负责编写单元 4 的实践 4-1，单元 5 的 5.6 和 5.7 及实践 5-1，单元 6 的 6.3 至 6.7；吴元龙负责编写单元 5 的 5.1 至 5.4；郭金鹏负责编写单元 5 的 5.5；徐一斐负责编写单元 6 的 6.1 和 6.2 及实践 6-1；吴婷负责编写单元 7 的 7.4 和 7.5 及实践 7-1，单元 9 的实践 9-1；李瑞负责编写单元 8 的 8.1 和 8.3；王耀鑫负责编写单元 8 的 8.2 和 8.4 及实践 8-1；马明英负责编写单元 8 的 8.5；罗惠宁负责编写单元 9 的 9.2；丁章超负责编写单元 10 的 10.2。

  为了编好本教材，编者参考了大量的专业书籍和最新研究成果，衷心地感谢这些参考文献的作者！整个编写过程得到了贵州省林业对外合作与产业发展中心、贵州茶寿山森林康养基地、贵州水东乡舍森林康养基地的大力支持和帮助，得到了南海龙、张聪、徐海无私提供的相关资料和帮助，得到了学校其他老师、其他相关基地和企业的大力支持，在此一并表示感谢！

  对于教材中的错漏，望读者指导斧正。

编 者

2023 年 10 月

目 录

序
前 言

单元1 认识森林与森林康养 /1
1.1 森林与森林康养相关概念 /1
1.2 森林的结构、类型与环境 /5
1.3 森林的康养功能表现及森林环境对人体健康的影响 /15
1.4 森林康养产业平台 /17
1.5 森林康养发展状况 /18

单元2 认识森林康养基地 /23
2.1 森林康养基地功能与地位 /23
2.2 森林康养基地类型 /25
2.3 森林康养基地环境 /29
2.4 森林康养基地命名 /33
2.5 国内森林康养基地发展现状与趋势 /33

单元3 森林康养资源调查 /36
3.1 森林康养资源概念与要素 /36
3.2 森林康养资源类型 /46
3.3 森林康养资源调查 /52

单元4 森林康养基地现状评价 /62
4.1 森林风景资源评价 /62
4.2 生态环境质量评价 /67

4.3　开发利用条件评价　　/ 67
　　4.4　森林康养基地评价分级　　/ 68
　　4.5　森林康养基地评价案例　　/ 69

单元 5　森林康养基地规划与布局　　/ 78
　　5.1　森林康养基地规划目的　　/ 78
　　5.2　森林康养基地规划原则与任务　　/ 79
　　5.3　森林康养基地规划要素　　/ 80
　　5.4　森林康养基地主题定位与发展目标　　/ 80
　　5.5　森林康养基地功能区划与布局　　/ 83
　　5.6　森林康养基地规划内容　　/ 86
　　5.7　森林康养基地总体规划编制提纲　　/ 94

单元 6　森林康养基地设施建设　　/ 97
　　6.1　森林康养基地设施建设相关理论　　/ 97
　　6.2　综合服务设施建设　　/ 98
　　6.3　康养林建设　　/ 102
　　6.4　森林康养步道建设　　/ 104
　　6.5　森林康养活动场地建设　　/ 112
　　6.6　森林康养专类园建设　　/ 114
　　6.7　其他设施建设　　/ 114

单元 7　森林康养基地产品开发　　/ 119
　　7.1　森林康养基地产品开发原理　　/ 119
　　7.2　森林康养基地产品开发条件与原则　　/ 123
　　7.3　森林康养基地产品类型　　/ 126
　　7.4　森林康养基地产品推广　　/ 134
　　7.5　森林康养基地产品开发案例　　/ 136

单元 8　森林康养基地环境监测　　/ 143
　　8.1　森林康养基地环境监测概念和意义　　/ 143
　　8.2　森林康养基地环境监测依据　　/ 144
　　8.3　森林康养基地环境质量要求　　/ 145
　　8.4　森林康养基地环境监测原则、内容与方法　　/ 145
　　8.5　森林康养基地环境监测数据应用方式　　/ 151

单元 9　森林康养基地安全风险管理　　　　　　　　　　／153
　　9.1　森林康养基地安全风险类型及防范　　　　　　　／153
　　9.2　森林康养基地安全管理主体和措施　　　　　　　／163
单元 10　森林康养基地认证与申报　　　　　　　　　　／166
　　10.1　森林康养基地认证　　　　　　　　　　　　　／166
　　10.2　森林康养基地申报与认定　　　　　　　　　　／170
参考文献　　　　　　　　　　　　　　　　　　　　　　／175
附录　　　　　　　　　　　　　　　　　　　　　　　　／178

单元 1

认识森林与森林康养

【学习目标】

知识目标
(1) 理解森林与森林康养的概念。
(2) 熟悉森林的康养功能。
(3) 掌握森林康养产业平台类型。
(4) 了解森林康养的作用与发展趋势。

技能目标
能够应用五感体验森林康养的乐趣。

素质目标
树立"绿水青山就是金山银山"的理念。

1.1 森林与森林康养相关概念

森林是森林康养产业发展必要的基础和条件,没有高质量的森林和森林环境,森林康养产业就无从谈起。

1.1.1 森 林

根据《林地分类》(LY/T 1812—2021),森林是指乔木、直径 1.5cm 以上竹子组成且郁闭度在 0.20 以上,以及符合森林经营目的的灌木组成的覆盖度 30%以上的植物群落。

森林生态系统是一个巨大而复杂的生态系统,与人类休戚与共。森林是人类的"亲密伙伴""绿色朋友",在人类生活中的重要性日益突出。森林是水库、粮库、钱库、碳库,"林水相依,滋养万物;林茂食足,仓实为安;青山绿水,林兴民富;吸碳固碳,清洁世界"。森林为社会经济发展源源不断地提供重要战略资源,保障着生态安全、水资源安全、粮食安全等国家安全;森林营造的良好生态环境是最普惠的民生福祉。

1.1.2 林木与孤立木

林木一般树体高大、树干通直,自然整枝良好,树冠较小,且多集中于树干上部,枝下高较高(图1-1)。

相比之下,孤立木一般树干粗壮,树冠庞大、几乎分布在整个树干,枝下高较低。古树、名木多以孤立木或群丛的形式生存,是十分重要的森林风景资源和康养资源(图1-2)。

图1-1 华山松林与林木(摄影:李新贵)

图1-2 金丝楠木古树与黄葛榕古树(摄影:李新贵)

1.1.3 林地

1.1.3.1 林地概念与分类

林地是指用于林业生态建设和生产经营的土地。

林地分为两个分类等级。一级地类包括乔木林地、竹林地、疏林地、灌木林地、未成林造林地、迹地、苗圃地。其中,灌木林地又分为特殊灌木林地、一般灌木林地两个二级地类;未成林造林地又分为未成林人工造林地、未成林封育地两个二级地类;迹地又分为采伐迹地、火烧迹地、其他迹地3个二级地类(表1-1)。

表1-1 林地分类与技术标准

序号	地类 一级	地类 二级	技术标准
一	乔木林地		乔木郁闭度≥0.20的林地,不包括森林沼泽
二	竹林地		生长竹类植物,郁闭度≥0.2的林地
三	疏林地		乔木郁闭度在0.10~0.19的林地
四	灌木林地		灌木覆盖度≥40%的林地,不包括灌丛沼泽
	(一)	特殊灌木林地	符合《"国家特别规定的灌木林地"的规定》规定的灌木林地
	(二)	一般灌木林地	特殊灌木林地以外的灌木林地
五	未成林造林地		人工造林(包括直播、植苗)、飞播造林和封山(沙)育林后在成林年限前分别达到人工造林、飞播造林、封山(沙)育林合格标准的林地。人工造林合格标准按《造林技术规程》(GB/T 15776—2023)的规定执行;飞播造林合格标准按《飞播造林技术规程》(GB/T 15162—2018)的规定执行;封山(沙)育林合格标准按《封山(沙)育林技术规程》(GB/T 15163—2018)的规定执行
	(一)	未成林人工造林地	人工造林(包括直播、植苗)、飞播造林后在成林年限前分别达到《造林技术规程》(GB/T 15776—2023)、《飞播造林技术规程》(GB/T 15162—2018)规定的合格标准的林地
	(二)	未成林封育地	封山(沙)育林后在成林年限前达到《封山(沙)育林技术规程》(GB/T 15163—2018)规定的合格标准的林地
六	迹地		乔木林地、灌木林地在采伐、平茬、割灌等经营活动或火灾发生后,分别达不到疏林地、灌木林地标准,尚未人工更新的林地
	(一)	采伐迹地	乔木林地采伐作业后3年内活立木达不到疏林地标准、尚未人工更新的林地
	(二)	火烧迹地	乔木林地火灾等灾害后3年内活立木达不到疏林地标准、尚未人工更新的林地
	(三)	其他迹地	人工造林、封山(沙)育林后达到成林年限但尚未达到疏林地标准的林地,以及灌木林地经采伐、平茬、割灌等经营活动或者火灾发生后,覆盖度达不到40%的林地
七	苗圃地		固定的林木和木本花卉育苗用地,不包括母树林、种子园、采穗圃、种质基地等种子、种条生产用地以及种子加工、储藏等设施用地

注:引自《林地分类》(LY/T 1812—2021)。

> **小贴士**
> 森林康养活动可以在乔木林地、竹林地、疏林地、灌木林地、苗圃地内开展。

1.1.3.2 林地保护等级

国家综合考虑生态脆弱性、生态区位重要性、林地生产力等因素,利用现有国家和地方公益林区划界定成果,结合国家生物质能源林基地、速生丰产林基地、木本粮油基地建设等,将林地科学地划分为4个保护等级。

一级保护林地 实行全面封禁保护,禁止任何生产经营性活动和改变林地用途。主要是指国家自然保护区、世界自然遗产等。

二级保护林地 实施局部封禁管护,鼓励和引导抚育性管理,以改善林分质量和生态健康状况。

三级和四级保护林地 依法经营、合理利用。严格禁止擅自改变国家级公益林的性质,以及随意调整国家级公益林的面积、范围或保护等级。

> **小贴士**
> 森林康养产业发展和森林康养活动要严格遵守林地保护等级相关规定(表1-2),履行林地使用相关申报手续,经林业主管部门同意才能使用林地。

表1-2 林地保护等级对森林康养产业的要求

林地保护等级	保护目的	森林康养活动	森林康养设施建设
一级保护林地	以保护生物多样性、特有自然景观为主要目的	不允许	不允许
二级保护林地	以生态修复、生态治理、构建生态屏障为主要目的	允许	不允许
三级保护林地	维护区域生态平衡和保障主要林产品生产基地建设	允许	允许
四级保护林地	予以保护并引导合理、适度利用	允许	允许

1.1.4 森林康养

森林康养是以森林生态环境为基础,以促进大众健康为目的,利用森林生态资源、风景资源、食药资源和文化资源并与医学、养生学有机融合,开展保健养生、康复疗养、健康养老的服务活动。发展森林康养产业,是科学合理利用林草资源,践行"绿水青山就是金山银山"理念的有效途径,是实施健康中国战略、乡村振兴战略的重要措施,是深化林业供给侧结构性改革的必然要求,是满足人民美好生活需要的战略选择,意义重大。

森林康养以人为本、以林为基、以养为要、以康为宿,目的是预防养生、休闲娱乐、保健康体(邓三龙,2016),使人放松身心,追寻快乐,增进幸福感。森林康养的主要功能可以总结为养身(身体)、养心(心理)、养性(性情)、养智(智慧)和养德(品德)(向前，2015)，其中以养身、养心为核心，以养性、养智、养德为补充(图1-3)。

1.1.5 森林疗养、森林浴与生态康养

森林疗养指利用森林环境开展人类健康的预防、保健和康复等健康管理活动，这个概念源于日本和德国。

森林浴又称森林疗法，是利用森林良好的环境条件、小气候因素，以及森林植物净化空气、释放氧气及分泌多种芳香物质等功能，辅助防治人体疾病的一种自然治疗方法(李卿，2013)。这个概念源于日本。

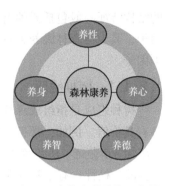

图1-3 森林康养功能示意图
(绘图：彭丽芬)

生态康养是应用生态医学原理和"环境-心理-生理"医学模式，以康养环境为媒介，以促进身心健康一体化为目的，由一系列健康措施所组成的知性活动(俞益武，2021)。

森林康养、森林疗养、森林浴、生态康养的共同点：强调以森林为背景，以促进大众健康为目的，利用特定的森林环境和林产品，增进人的身心健康。从概念可以看出，森林康养的范畴更大，把森林疗养、森林浴囊括在内，但小于生态康养的范畴。目前，国内更多认可森林康养和森林疗养两个概念，两者的对比见表1-3所列。

表1-3 森林康养与森林疗养的异同点

项 目	森林康养	森林疗养
环境	森林环境	森林环境
目标	促进大众健康	促进大众健康
目的	游憩、度假、疗养、养老	预防、保健、康复
产业范围	以森林娱乐为主，涉及林业、旅游、医疗卫生、农业、教育、体育等各方面，产品丰富	以森林医疗为主，产品较为单一
服务对象	所有群体	亚健康人群、老年人、病体康复人群
五感体验	强调五感，体验于外，感受于内	强调五感，体验于外，感受于内
医学循证	十分需要	以森林医学为基准，十分必要
设施设备	与健康相关的设施均可	以步道和人的休息场所为主
基本要素	基地+康养产品+服务人员(自然解说员、园艺疗法师、自然教育师等)	基于认证的基地+被医学证实的疗养课程+合格的森林疗养师

1.2 森林的结构、类型与环境

1.2.1 森林结构

森林的结构特征是森林植物与周围环境条件之间以及森林植物彼此之间相互作用的表现形式，是一种能赋予人们直观感觉的外貌特征。不同的森林有着不同的结构特征。森林

的结构特征一般包括树种组成、森林层次、林分起源、郁闭度、密度、年龄、立地质量等因子,其中与森林康养关系较为密切的因子是树种组成、森林层次、郁闭度、林木大小4项因子。

1.2.1.1 树种组成

树种组成是指组成森林的树种成分及其所占的比例。不同树种植物精气的种类不同,各有其价值。例如,常见的华山松植物精气中单萜类化合物占总含量的90%以上,其中以α-蒎烯、β-蒎烯、β-菲兰烯、乙酸龙脑酯、β-香叶烯、柠檬烯等含量最高,可以增益大脑α-脑波;松针含有丰富的花青素、粗蛋白质、维生素、脂肪酸和生物类黄酮,具有祛风、活血、安神、明目、解毒、止痒和去疲劳的功效,可制成松针饮料。银杏的植物精气中单萜烯类和倍半萜烯化合物占总含量的78.58%,同样可以增益大脑α-脑波;其种仁可食,入药有润肺止咳、强壮等功效;叶片中的活性成分是黄酮和内酯类化合物,具有清除自由基、抵抗血小板聚集、消除炎症等多重作用(吴楚材等,2006)。

不同树种组成的森林中负离子浓度等也有差异(表1-4)。研究表明,纯林林分的空气中负离子浓度为900~2000个/cm^3,针叶林中的负离子平均浓度为1507个/cm^3,阔叶林中负离子的平均浓度为1161个/cm^3(吴楚材等,2006)。

表1-4 不同树种纯林中空气离子浓度观测值

科别	林分	林分状况			海拔(m)	负离子浓度(个/cm^3)	正离子浓度(个/cm^3)	q (个/cm^3)	CI
		郁闭度	胸径(cm)	树高(m)					
红豆杉科	红豆杉	0.7	9	6	415	1719	1358	0.79	2.18
柏科	福建柏	0.9	11	7	370	1838	2032	1.11	1.66
金缕梅科	枫香	0.8	16	15	365	1240	1081	0.87	1.42
	阿丁枫	0.9	10	9	430	1026	823	0.80	1.28
杉科	杉木	0.6	11	8	380	1521	1251	0.82	1.85
	柳杉	0.9	20	14	625	988	960	0.97	1.02
	秃杉	0.8	10	8	430	1721	1034	0.60	2.86
	水杉	0.6	10	5	400	1358	1548	1.14	1.19
壳斗科	锥栗	0.7	24	19	450	956	440	0.46	2.08
木兰科	乐昌含笑	0.9	8	5	430	945	833	0.88	1.07
	深山含笑	0.7	6	5	430	1391	1375	0.99	1.41
	中国鹅掌楸	0.6	10	9	430	1134	1004	0.89	1.28
	观光木	0.7	9	9	430	1334	1414	1.06	2.86
野茉莉科	白辛树	0.5	10	9	430	1225	927	0.76	1.62
樟科	沉水樟	0.7	9	4	430	1316	1071	0.83	1.62
	檫木	0.6	12	9	420	1040	980	0.94	1.10

(续)

科别	林分	林分状况			海拔(m)	负离子浓度(个/cm³)	正离子浓度(个/cm³)	q(个/cm³)	CI
		郁闭度	胸径(cm)	树高(m)					
罗汉松科	罗汉松	0.4	8	4	400	1402	1202	0.86	1.64
松科	马尾松	多点平均			400	1507	1501	1.00	1.51

注：q 为单级系数，q=正离子数/负离子数，下同。CI 为空气质量评价指数，CI=（负离子数/1000）×（1/q）。当 CI>1.0 时，空气为 A 级（最清洁），下同。

因此，不同树种组成的森林，其康养效果也有所差异。相比之下，针叶林的康养效果优于阔叶林。

1.2.1.2 森林层次

森林层次是指森林中各种植物成分所形成的垂直结构，一般分为乔木层、灌木层和草本植物层3个基本层次。从森林康养的角度，灌木、草本等林下植被过于密集的林分并不适宜开展森林康养活动。

1.2.1.3 郁闭度

郁闭度是指森林中乔木树冠垂直投影面积与林地面积之比，它可以反映一片森林中林冠彼此衔接的程度或是林冠遮盖地面的程度。通常以十分法表示，即0.1，0.2，0.3，0.4，0.5，0.6，0.7，0.8，0.9，1.0。分为几个等级：郁闭度0.1~0.19为疏林地；0.2~0.39为低郁闭度；0.4~0.69为中郁闭度；大于或等于0.7为高郁闭度（表1-5）。

郁闭度可以采用目测法进行估算，如样地占30%，则树冠郁闭度为70%，写成0.7。观察时要多看多算，不应局限在某一局部地块。

表1-5 郁闭度等级划分

郁闭度等级	高郁闭度	中郁闭度	低郁闭度	疏林地
郁闭度	≥0.7	0.4~0.69	0.2~0.39	0.1~0.19

郁闭度大小反映了森林对光照的利用程度。郁闭度高代表林下可见光照较弱，郁闭度低代表林下可见光强度较大。从森林康养的角度，郁闭度为0.4~0.7的林分比较适宜开展森林康养活动。

1.2.1.4 林木大小

林木大小一般以胸径和树高来表示。

胸径是指林木树干距离地面1.3m处的直径，因与成人的胸高位置相当，故名胸径。一般用围尺测量胸径，应精确到0.1cm。

树高是指地面至树顶的高度。一般采用测高杆、勃鲁莱斯测高器进行测定，应精确到0.1m。

高大的林分能够给人安全、舒适的感觉。从森林康养实践来看，康养林的林木平均胸径一般在8.0cm以上，平均树高在8.0m以上。

1.2.2 森林类型

森林类型划分方法和依据较多，如按经营目的划分、按主要树种划分。

1.2.2.1 按经营目的划分

从国内外来看，森林的经营目的是在不断变化和进步的。第一目标取向是获得木材或者薪柴以及其他林产品，第二目标取向是水土保持、防风固沙、涵养水源，第三目标取向是应对气候变化和改善环境，第四目标取向是发挥森林生态环境对于人体健康的服务功能（陶智益，2016）。根据《中华人民共和国森林法》（2019年修订版）第八十三条的规定，森林分为防护林、用材林、经济林、能源林和特种用途林5类。

防护林 是指以防护为主要目的的森林，具体包括水源涵养林、水土保持林、防风固沙林、护岸林、护路林以及农田防护林、牧场防护林。防护林对于改善生态环境，减少自然灾害，减轻自然灾害所造成的危害，促进经济的发展具有十分重要的意义。

用材林 是指以生产木材为主要目的的森林和林木，包括以生产竹材为主要目的的竹林。

经济林 是指以生产果品、食用油料、饮料、调料、工业原料和药材等为主要目的的森林，如油茶林、油桐林、核桃林、樟树林、花椒林、茶林、桑林等。

能源林 是指以生产生物质能源为主要培育目的的林木。

特种用途林 是指以国防、环境保护、科学实验等为主要目的的森林和林木。

防护林和特种用途林可归类为公益林，用材林、经济林、能源林归类为商品林。开展森林康养活动的场所既可以是公益林，也可以是商品林，这是森林经营第四目标取向的具体表现，也符合当下森林多功能经营的理念。

1.2.2.2 按主要树种划分

根据叶的形态特征，树种可分为针叶树、阔叶树、竹等。不同树种组成不同的森林，如针叶林、阔叶林、阔叶混交林、针阔叶混交林、竹林。

①针叶林 叶片形态为针形、鳞形、刺形的木本植物称为针叶树，其树冠较窄，多为三角形、塔形。由针叶树组成的森林称为针叶林，林分外观多为常绿，季相变化不明显，常见的有柏林、杉林、松林3类（图1-4、图1-5）。也有落叶类型，如水杉林、池杉林、金钱松林等。

图1-4 柏林（摄影：李新贵）

图1-5 马尾松林与茶园（摄影：李新贵）

②阔叶林　叶片形态宽大而多样的木本植物称为阔叶树,枝叶较浓密,树冠向四周扩散,形如卵圆形、伞形等。我国的经济林树种大部分是阔叶树。由阔叶树组成的森林称为阔叶林。阔叶林外观常绿、落叶兼备,可细分为常绿阔叶林(如樟树林、桂花林、麻栎林)和落叶阔叶林(如枫香林、玉兰林、香椿林)(图1-6)。阔叶林物种资源丰富,组成树种繁多,林相变化大,尤其在春、秋两季,是森林景色最美的时期,康养资源丰富。

图1-6　枫香林与麻栎林(摄影：李新贵)

③阔叶混交林　由常绿阔叶树和落叶阔叶树组成的森林。这类森林物种资源丰富,各类林产品极多,季相变化大,极具观赏价值(图1-7)。

④针阔叶混交林　由针叶树和阔叶树组成的森林,介于针叶林和阔叶林之间。这类森林兼具针叶林和阔叶林的外观特点,季相变化明显,森林景色优美(图1-8);林内野生动植物资源丰富,有木耳、蘑菇、天麻、森林蔬菜等多种林副产品。

图1-7　阔叶混交林(摄影：李新贵)　　**图1-8　针阔叶混交林**(摄影：李新贵)

⑤竹林　竹类植物是具有高吸碳能力的造林树种,是重要的森林植物资源,由于具有独特的生物学特性和良好的生态效益,被誉为"21世纪最具潜力和希望的植物"。我国竹林面积占森林总面积的3%,占世界竹林面积的25%,主要集中分布于四川、福建、江西、湖南、浙江、广东、广西等16个省份。竹林季相变化小,极具观赏价值(图1-9)、食用价值和康养价值。竹林康养资源由环境资源(小气候、竹林精气、空气负离子、声环境等)、风景资源(林分结构、植物形态、色彩组成等)、物质资源(如生活生产中的竹制品)、文

化资源(如文学、绘画、宗教、民俗)等共同构成,均可在竹林养生旅游产品开发中得到利用。

图1-9 竹林外观与内部景观(摄影:彭丽芬)

1.2.3 森林环境因素

森林环境因素可以分为物理因素和化学因素两大类。森林环境有益于人体健康主要与森林环境中植物精气含量高、负离子含量高、氧气浓度高、致病菌类数量少、污染物含量低、噪声低等有关。

1.2.3.1 森林环境的物理因素

森林环境中的物理因素包括光照、温度、湿度、声音、土壤等,各因素之间相互配合,形成森林的光环境、热环境和声环境等,共同作用于人体,对人体产生影响。以北京地区的研究为例:各类森林环境对人体身心均有积极的效应,体现在心率下降、心率变异性增强、血压下降、血氧浓度提升、血流灌注指数下降、情绪紊乱总值下降等具体指标上。

(1)森林光环境

借鉴《建筑照明术语标准》(JGB/T 119—1998)和《民用建筑电气设计规范》(JGB/T 16—2008)中光环境的定义,森林光环境是指由光(照度水平和分布、照明的形式)与颜色(色调、色饱和度、颜色分布、颜色显现)在森林内建立的与人有关的生理和心理环境,即光照射于森林内外空间所形成的环境。叶片、树冠和群落的共同作用,使森林内部的光环境有别于其他环境。

①森林光环境特点 植物叶片对光具有吸收、反射和透射的作用。一般而言,照到叶片的太阳光有80%~85%被叶片吸收,10%~15%被反射,5%透过叶片。受叶片的质地、年龄、结构、颜色和大小、着生位置及其夹角等因素影响,植物叶片对不同波长太阳光的吸收、反射、透射作用各不相同,使得不同森林的光环境有较大差异。如茸毛较多的植物叶片比无毛的叶片反射作用强2~3倍,薄叶片的光照透射率可达40%,质地坚硬而厚的叶片基本上不透光。

乔木树冠上的每个叶片所接受的太阳光与入射光的方向及叶片在树冠中的位置有关,

树冠内的光照情况与乔木的树高及树的外形相关。一般来说，树冠剖面可分为光照充足的外层、光照强度逐渐减弱的中层和光照不足的内层，光照强度自外向内减弱。

森林的林冠结构影响林下光照的分布和有效性。冠层对太阳光的截获导致透过林冠进入林下的光照减少。叶面积指数越大，光截获率越大。林冠结构对林下散射光的影响比对林下直射光大。森林的郁闭度与透光率成反比，郁闭度大的森林透光率小。据调查，郁闭度为0.9时，透光率为5%~7%；郁闭度为0.7时，透光率为12%~13%；郁闭度为0.3时，透光率为50%。落叶树种组成的森林内光环境随季节有明显变化（图1-10、图1-11），一般冬季透光率较大，可达50%~70%，春季为20%~40%，夏季则低于10%。常绿树种组成的森林内部光照随季节变化不大，而与天气状况密切相关，阴天时光照强度相对增大。

图1-10　马尾松林内光照情况（摄影：李新贵）　　图1-11　阔叶林树冠下光照情况（摄影：李新贵）

②森林光环境对人体的作用　光环境会影响人的生理健康和心理健康。人在一定的时间周期内处于不符合标准的光照环境时，容易使眼部及视神经处于不舒适的状态，视觉疲劳、视觉损伤等问题会相继出现；阴暗环境会促进松果体合成及释放褪黑激素，而明亮环境则抑制褪黑激素的生成；合适的光环境可以减少压力、缓解焦虑、避免负面情绪的产生。

良好的森林环境拥有极高的绿视率，光照强度较城市、空旷地弱，质地以绿光为主，非常有利于人体的生理（特别是眼部）健康和心理健康。森林医学的研究表明，森林环境中的光照亮度适合，强度中等，绝对照度值（是城市环境的2/9）和变化都小于城市。在小范围内，森林中的光照变化不太可能造成眩光和眼睛不适。

（2）森林热环境

森林热环境指森林环境中由太阳辐射、周围物体表面温度等物理因素组成，影响人的冷热感和健康的环境。

①森林热环境特点　由于树冠的遮蔽作用及植物本身导热性差，森林内空气流动较缓，以及地面枯枝落叶层对土壤表面温度变动具有缓冲作用等，森林内部形成独特的热环境。通过森林与城市热环境的对比研究发现，森林环境空气温度明显低于城市环境（低约9℃）。

林分的郁闭度、树高、枝下高对森林热环境的影响最显著，而胸径、植株密度对森林热环境的影响不显著。其中郁闭度与气温呈线性负相关，树高、枝下高与气温存在显著正相关（郁闭度每增加0.1，空气温度降低0.4℃；树高每增加0.1m，气温增加0.013℃；枝下高每增加0.1m，气温增加0.017℃）。林分的混交度与气温呈正相关，混交度每增加0.1，气温增加0.19℃。通风情况越好，气温越低。林分开阔比与气温呈负相关，开阔比每增加0.1，气温下降0.22℃。

②森林热环境对人体的作用　热舒适度是评价室外热环境舒适程度的主要指标。大量研究证明，热舒适度是影响人们进行户外活动的重要因素之一。人体最适环境温度为20~28℃；在15~20℃环境下，人的记忆力强，工作效率高；在4~10℃，心血管类疾病发病率较高；温度>28℃，人就有不舒适感，易中暑、精神紊乱；温度>34℃，心脏、脑血管和呼吸系统疾病的发病率上升，死亡率明显增加；温度>37℃，人体蛋白质会被破坏；温度>40℃，生命会直接受到威胁。不舒适的温度与一些疾病（如冠心病、缺血性中风、出血性中风、呼吸系统疾病和慢性阻塞性肺疾病等）引发的死亡有关。森林能够营造较为良好的热环境，提高人体热舒适度，适于人体活动和健康，这也是产生治疗作用的原因。研究表明，城市森林群落郁闭度、叶面积指数、树高对降温效应的影响最显著。城市森林群落郁闭度越高，森林温度越低。在有效影响范围内，当城市森林面积大于30hm²，森林覆盖率>7.5%时，城市森林可起到稳定降温效果。

(3) 森林声环境

森林声环境是指人类通过耳朵接收到的森林环境中的声音信息。

①森林声环境特点　日本的研究表明，森林中的声音类型不尽相同。与城市声环境相比，森林声环境的噪声水平低，声环境的变化小，给人"安静"的体验，让人感到更舒适。有趣的是，来自森林的声音（如蝉的声音）即使噪声水平相对较高，也不会给人不舒服或者嘈杂的感觉。

②森林声环境对人体的作用　一般来说，声环境的优劣直接影响人们生活、居住的舒适度，对人的心理和生理都产生重要影响。让人感到轻松、快乐、舒适的声音，能改善和加强大脑皮质、大脑边缘系统和自主神经系统的功能，从而更好地控制和增进人体各种内脏器官的活动。与之相反，噪声让人心烦，损害人的健康，可引起耳部的多种不适，损伤心血管系统，使人精力不能集中、失眠、神经衰弱，甚至会对视力造成损害。来自森林的自然之音如水声、雨声、鸟鸣、虫鸣和风声等，激发人类的原始应激反应，并与身体形成某种"共振"，舒缓情绪，调节人体的血液、内分泌和消化系统，促进新陈代谢，增强免疫功能，从而使人体恢复健康状态。

1.2.3.2　森林环境的化学因素

森林环境中对人体健康起作用的化学因素主要是植物精气和负离子，这也是森林康养最重要的两项影响因子。

(1) 植物精气

植物精气即植物器官和组织在自然状态下释放出的气态有机物（植物杀菌素），又称芬多精、植物杀菌素。植物精气大约有30 000种，主要包括萜类、烷烃、烯烃、醇类、脂类等萜烯类化合物（不饱和的碳氢化合物）（表1-6）。萜烯类化合物被人体吸收后，有适度的刺激作用，可促进免疫蛋白增加，有效调节自主神经平衡，从而增强人体的抵抗力，达到抗菌、抗肿瘤、降血压、驱虫、抗炎、利尿、祛痰与健身强体的生理功效（吴楚材等，2006）。

表1-6 植物有效挥发成分（部分）

有效挥发成分	功 效	代表性分泌植物
杜松醇（α-Cadinol）	预防龋齿	侧柏
樟脑（Camphor）	局部刺激	樟树
柠檬醛（citral）	降低血压，抗过敏	蔷薇
百里香酚（thymol）	祛痰、杀菌	百里香
松节油（turpentine）	祛痰、利尿	松树
桧木醇（Hinokitiol）	抗菌、生发	刺柏、台湾扁柏
冰片（borneol）	提神、醒脑	冷杉、云杉
薄荷（Menthol）	镇痛、清凉和局部刺激	薄荷
柠檬烯（limonene）	溶解胆固醇引起的胆结石	美国扁柏、橘

植物精气还具有杀菌作用。在森林康养基地，植物精气含量高，空气中细菌含量就低。

不同植物所释放的植物精气是不同的，甚至同一植物不同部位所释放的植物精气也有所不同。针叶树种的有机挥发物主要是单萜类化合物，阔叶树种的有机挥发物主要是异戊二烯和乙酸乙烯酯。研究表明，在现有的萜类物质中，单萜类化合物的生理功效最有价值（表1-7）（吴楚材等，2006）。人们在森林所呼吸的植物精气，是由树叶、树枝、树皮、灌木、草本植物、蘑菇和苔藓植物等释放的挥发性物质的混合物。

表1-7 萜烯类化合物的生理功效

生理功效	单萜烯	倍半萜烯	二萜烯	生理功效	单萜烯	倍半萜烯	二萜烯
麻痹	★			利尿	★		
强壮	★	★		祛痰	★		
镇痛		★		降血压	★	★	★
驱虫	★	★		杀虫	★		★
抗菌	★	★	★	刺激性	★	★	
抗癫痫		★		生长激素	★	★	★
抗组胺	★			芳香	★	★	★
抗炎性	★	★		植物刺激	★	★	
抗风湿	★			止泻	★		★
抗肿瘤	★	★	★	镇静	★	★	
促进胆汁分泌		★		维生素			★

注：★表示具有这种生理功效。

> 👉 **小贴士**
>
> **植物精油**
>
> 　　植物精油是指通过蒸馏、挤压、冷浸或溶剂提取等方法，从具有香脂腺的植物中提炼出的挥发性芳香物质。这种芳香物质具有流动性，且极易挥发。植物精油作为芳香疗法的主要介质，用于临床治疗和预防保健。
>
> 　　植物精气源于植物的自然挥发，而植物精油来自人工提取。研究表明，植物精气和植物精油无论是化学组成还是组分相对含量都有较大差异，在开发利用目的、方式、范围等方面存在着较大差异，功效也不尽相同。如薰衣草花精油可鉴定出38种化合物，其主要成分为芳樟醇、乙酸芳樟酯、乙酸薰衣草酯、α-松油醇、乙酸香叶酯，而薰衣草花精气可鉴定出13种化合物，其主要成分为莰烯、柠檬烯及β-月桂烯，两者共有的主要化学成分为莰烯、β-月桂烯、芳樟醇、薰衣草醇、乙酸薰衣草酯(徐洁华等，2012)。又如，香叶天竺葵精气和精油的共有成分为香叶醇、香茅醇、α-水芹烯、罗勒烯、芳樟醇、薄荷酮、异薄荷酮、丙酸香茅酯、α-石竹烯；柠檬香蜂草精气和精油的共有成分是甲基庚烯酮、芳樟醇、香茅醇、α-石竹烯(刘晓生等，2015)。

(2) 空气负离子

　　森林环境中的空气负离子浓度比城市高，夏、秋季森林的空气负离子浓度可达到城区的2~3倍，更有益于人体健康。以北京为例，有林地区空气负离子浓度水平远高于无林地区。北京不同植被类型的空气负离子浓度从高到低依次为：阔叶林>针阔叶混交林>针叶林>灌木林>无植被覆盖开阔地。这是由于空气负离子的浓度与湿度、绿化程度相关，湿度大、绿化好的地方，空气负离子浓度就高。森林环境中含有丰富的空气负离子，能使人感觉空气清新，消除紧张情绪和缓解压力，平衡人体内自由基的活动，促进新陈代谢，改善人体的呼吸功能。

(3) 植物精气与负离子的相互关系

　　在森林环境中，空气负离子浓度大的地方，植物精气浓度也大；潮湿的地方(如瀑布、跌水、溪流等处和雨后的森林中)相对于干燥的地方其空气负离子和植物精气的浓度更大。植物精气与空气负离子的相互关系如下(柏志勇等，2008)：

　　①空气负离子浓度与植物精气浓度呈正相关　空气负离子越多，其可以吸附出的植物精气就越多；植物精气越多，在受到碰撞(喷筒效应)、电场力(路德格效应)、辐射(光电效应)等外力作用的影响时，产生的负离子也就越多。

　　②空气湿度与植物精气浓度和空气负离子浓度呈正相关　空气湿度越大或空气中的水分子越多，当受到碰撞(喷筒效应)、电场力(路德格效应)、辐射(光电效应)等外力作用的影响时，产生的高浓度单个负离子及氢离子也越多，它们可以吸附的植物精气中的芳香性碳水化合萜烯类的中性气体分子也越多，即植物精气浓度越大。

1.3 森林的康养功能表现及森林环境对人体健康的影响

1.3.1 森林的康养功能表现

森林作为陆地生态系统的主体,其功能是极其丰富的。无论是天然林还是人工林,在一年的大部分时间中都能为人们提供较为舒适、健康的环境。

(1) 森林是天然的制氧机

森林中的植物白天通过光合作用吸收二氧化碳释放氧气,夜间则吸收氧气释放二氧化碳。植物光合作用制造的氧气比呼吸作用吸收的氧气多大约20倍。据测定,1hm^2森林一年能生产氧气12t,1hm^2阔叶林一年制造的氧气可供1000人呼吸。

(2) 森林是天然的除霾器

树木有宽大的树冠,其树叶、枝条、树干都可以吸附PM_1、$PM_{2.5}$、PM_{10}等颗粒物。研究表明,森林植被对颗粒物的作用表现在直接作用和间接作用两个方面:直接作用包括吸入、吸附、沉降作用;间接作用体现为阻滞作用。起吸附作用最大的是密集的树叶。滞尘能力排名靠前的树种为雪松、白皮松、油松、圆柏、侧柏、红松、栾树、丁香、山桃、刺槐。

(3) 森林是天然的降温器

森林植物的叶片能够吸收或反射一部分太阳辐射,因此林下的气温要比空旷地带低得多。据测定,夏季森林里的气温比城区低2~4℃,比柏油路面低10~20℃。如果还受到海拔的影响(海拔每上升100m,气温下降0.6℃),夏季林间气温就会更低。

(4) 森林是天然的精气发生器

森林植物的芽、叶、花、果分泌出的挥发性物质能杀死细菌、真菌和原生动物,这使得森林中的环境较城市环境干净。城市闹市区空气中的含菌量为3万~4万个/m^3,在人员较多的公园空气含菌量为1000个/m^3,在林区空气含菌量仅为50个/m^3。据测定,1hm^2圆柏每天能够分泌出20kg植物精气。

(5) 森林是天然的除尘器

森林植被密集,植物叶片上的褶皱、茸毛以及从叶片气孔中分泌的黏性油脂和汁浆能够吸附灰尘。研究表明,1hm^2森林一年可吸收800t飘尘;1m^2云杉每天可吸滞粉尘8.14g,1m^2松林可吸滞9.86g,1m^2榆树林可吸滞3.39g。林区空气中的飘尘浓度比非林区低10%~25%。

(6) 森林是天然的降噪器

森林具有一定的降噪作用。投射到树冠上的噪声,一部分被树叶向多方向不规则反射而减弱(枝叶越小、越密集,其反射和过滤声波的作用越强),一部分造成树叶震动而被消耗掉。研究表明,一条宽30m的林带可以降低30dB噪声。相对于空旷地带,有树或草的地方,声源噪声会被降低 5~25dB。

总之,森林具有丰富多彩的植物、优美的环境、清洁的空气、充足的植物精气和负离子,是天然的康养场所。

1.3.2 森林环境对人体健康的影响

1.3.2.1 森林环境对人体健康的正面作用

森林环境通过五感(视觉、味觉、触觉、听觉、嗅觉)对人体生理和心理产生积极影响。从生理上看,森林环境有利于降低皮质醇浓度、心跳速度、血压,增强副交感神经活性,降低交感神经活性,具有良好的生理放松作用,对一些疾病具有治疗效果。从心理上看,森林环境在帮助恢复注意力方面效果显著。相较于城市环境,森林环境能改善人的负面情绪(情绪低落、消极悲观等),缓解精神压力,消除疲劳。

(1)森林环境对人体免疫系统的影响

人体的免疫系统非常复杂,有着大量形态各异和功能不同的细胞,对保障人体健康起着至关重要的作用。其中,自然杀伤细胞(NK 细胞)属于粒状淋巴细胞,是人体免疫系统的组成部分。活化的 NK 细胞可合成和分泌多种细胞因子,发挥调节免疫、造血及直接杀伤靶细胞的作用,能迅速溶解某些肿瘤细胞。

日本学者就森林环境对人体免疫功能的影响进行了研究,受试者参加森林三天两夜或一日游,在森林中进行休闲活动,呼吸森林中的植物精气。结果表明,森林三天两夜游可以促进人体 NK 细胞增殖,提高人体 NK 细胞的活性,康养效果最长可以维持 30d。即使是森林一日游,也可以增加 NK 细胞活性。因此,建议人们每月进行一次森林浴。

(2)森林环境对人体内分泌系统的影响

内分泌系统是机体的重要调节系统,与神经系统相辅相成,共同调节人体的生长发育和各种代谢,维持内环境的稳定,影响人体行为和控制生殖等。内分泌系统是人体一种整合性的调节机制,通过分泌特殊的化学物质来实现对人体生命活动的控制与调节。

森林环境可以减少尿中肾上腺素和(或)去甲肾上腺素及唾液中皮质醇水平,产生放松效果,其中植物精气至少部分有助于这种效果产生;可能对血清 DHEA-S(硫酸脱氢表雄酮)和脂联素(血清中由脂肪组织特异产生的激素)水平产生有益影响,但不影响男性血清胰岛素、血清游离 T_3(FT_3T)、促甲状腺激素(TSH)浓度以及女性的血清雌二醇和黄体酮水平。

(3)森林环境对人体呼吸系统的影响

城市空气污染加重了肺的氧化应激和炎症反应,从而损害人体组织器官的结构和功能,导致呼吸系统疾病。相反,森林环境中空气清洁,有丰富的植物精气和负离子,不仅能改善人的情绪,对呼吸系统疾病也是有益的。研究发现,慢性阻塞性肺病患者在森林中活动,不仅能改善情绪,还能够减少穿孔素和颗粒酶 B 等慢性阻塞性肺病因子,从而降低炎症水平。对于支气管炎患者,森林环境减缓其哮喘、积痰等症状的作用更为明显。

(4)森林环境对人体心血管系统的影响

研究表明,森林环境对青年人和老年人都有降低血压的效果,但对老年人的效果更显著。主要表现是：经过森林康养，人体的舒张压、收缩压、同型半胱氨酸等指标显著降低。森林环境有助于减少交感神经活动、增加副交感神经活动，因而具有明显的降血压效果。

此外，日本学者还研究了森林环境对眨眼、血糖、心理反应的影响等，这些都充分证明森林环境对人体健康是有积极作用的。

1.3.2.2 森林环境对人体健康的负面作用

森林环境对人体健康的影响也存在一些负面效应。一是蜂类蜇人、蚊虫叮咬人。据报道，在我国2016年国庆节黄金周期间，陕西黄陵国家森林公园有100多人被胡蜂蜇伤。其他地方也有人被蜇后伤重甚至死亡的报道。二是毒蛇伤人。中国有蛇类219种，其中毒蛇有50种，大部分分布在南方。如贵州有45种蛇类，毒蛇有19种，常见的有白头蝰、尖吻蝮、短尾蝮、山烙铁头蛇、菜花原矛头蝮、原矛头蝮、白唇竹叶青蛇、银环蛇、眼镜蛇、眼镜王蛇等。三是花粉过敏、气味引起不适。在森林植物的花期，由于个人体质原因，可能会诱发过敏性鼻炎、哮喘等疾病。另外，有些植物开花时所散发出来的气味可能会让部分人感到不适。四是存在传染病传播风险。在我国的森林中，存在蜱类传播森林脑炎、莱姆病等疾病的风险，在开展森林康养活动时需要加以规避。

1.4 森林康养产业平台

森林康养产业的发展必须依托一定的森林环境和公共服务设施，其中的公共服务设施称为产业平台。产业平台是培育森林康养产业集群，进一步创新产业发展体制机制，促进森林康养产业持续稳定发展的基础。从国内的实践情况来看，森林康养产业发展的平台主要有森林康养小镇、森林康养基地、森林康养人家3种类型。

1.4.1 森林康养小镇

森林康养小镇是指以具有良好森林生态系统的社区(城镇或乡村)为依托，通过科学规划、系统建设，形成的开展森林康养活动、发展森林康养产业，促进当地就业和经济增长的一类特色小镇，是将旅游、森林康养、新型城镇化建设结合起来，打造集旅游服务、休闲度假、养生娱乐等多功能为一体的大型森林休闲养生基地。

依据《森林康养小镇标准》(T/LYCY 1025—2021)，森林康养小镇总面积一般不小于300hm^2，经营空间边界明晰，可视范围内森林覆盖率45%以上，小镇建成区绿化率20%以上。

1.4.2 森林康养基地

森林康养基地是森林康养产业发展最重要的平台和载体，是以森林资源及生态环境为依托，通过建设相关设施，提供多种形式的森林康养服务，实现森林康养各种功能的森林康养综合服务体。

1.4.3 森林康养人家

森林康养人家是以森林资源和森林文化为依托，提供森林康养服务的小规模经营体，是森林康养产业平台体系的重要组成部分。《森林康养人家标准》（T/LYCY 1026—2021）中对森林康养人家建设的基本要求是：a. 经营空间边界明晰，无产权纠纷，项目建设合法，无违法占用林地、无违章建筑。b. 从业人员持健康证上岗，具备1名以上森林康养指导师。c. 符合治安、消防、卫生、环境保护、安全等有关规定与要求，取得地方政府要求的相关证照。d. 食品来源、加工、销售应符合《食品安全管理体系餐饮业要求》（GB/T 27306—2008）的要求；生活用水（包括自备水源和二次供水）应符合《生活饮用水卫生标准》（GB 5479—2006）的要求；采取节能减排措施，污水处理达到《污水综合排放标准》（GB 8978—1996）的要求。e. 室内外装修与用材应符合环保规定，达到《住宅建筑室内装修污染控制技术标准》（JGJ/T 436—2018）的要求。

森林康养人家以森林资源和农村特有物产为基础，结合森林文娱与当地民俗风情，为康养体验者提供美食、休憩、娱乐等休闲康健型产品，进一步丰富了森林康养的层次。其提供的森林康养服务种类繁多，能够有力推动乡村旅游发展和乡村振兴。目前，国内不少省份在大力推进森林康养人家建设，作为森林康养产业发展平台的补充。如福建省林业局2007年出台了《关于推进森林人家休闲健康游的实施意见》，截至2019年4月，"森林人家"已授牌620家，接待康养体验者861万人次，实现经营总收入2.06亿元，带动社会旅游从业人员1.2万人；四川省截至2019年已评定森林康养人家537家。

1.5 森林康养发展状况

1.5.1 国外森林康养发展状况

20世纪40年代，德国率先利用森林资源开创了气候疗法治疗"都市病"。20世纪90年代以来，美国、日本、韩国、澳大利亚等多个国家都开始调整、创新森林经营模式，强调森林的多功能利用。在此背景下，森林康养逐渐成为国际林业发展的新潮流和新趋势。各国政府进一步出台了一系列的政策措施，森林康养产业逐渐发展成熟，其中以德国、日本、韩国和美国最具代表性。

20世纪后期，德国颁布了《森林保护及娱乐指南》和《联邦森林法》，并将森林康养列为一项基本国策，大大促进了森林康养产业的进一步发展。进入21世纪以来，重点支持健康恢复和保健疗养方面的康养基地建设，森林康养产业发展模式不断丰富。目前，德国已获批400余处森林康养基地，各基地配备专门的医生和理疗师，将民众在森林康养方面的花销纳入公费医疗范围，并且强制要求公务员进行森林医疗。

日本是世界上森林覆盖率较高的国家之一（高达67%），具有发展森林康养产业的生态资源优势。在20世纪80年代早期，日本开始出现森林浴运动，"入森林、浴精气、锻炼身心"迅速成为日本广大民众健康生活的方式。1985年，日本政府制定了《关于增进森林保健功能的特别措施法》，这一法律成为日本森林康养产业发展早期的重要政策。1999年，日本森林协会提出了"森林疗养"的概念。2001年，日本进一步制定森林疗养基地认证制度和森林疗养师资格考试制度，确保疗养院良性发展。2004年，日本林野厅发布《森林疗法基地构想》，明确规定森林疗法基地认证相关制度，并于同年开始森林医学的循证研究。2009年，日本政府规范并完善了森林疗养师资格考试制度。2016年，正式提出"森林医学"一词，休养林建设兴起。日本还成立了森林养生学会和森林医学研究会，重点开展关于森林与人类健康的一系列临床试验。目前，日本已成为世界上森林康养效果测定最先进的国家，森林康养基地遍布全国各地，拥有67处被认定的森林康养基地和1145处休养林。

受日本森林康养产业发展的影响，韩国于1988年创建第一处自然休养林，这标志着韩国森林康养产业的诞生。2005年成立产业学科小组，森林康养理论至此开始全面普及。2010年，韩国政府修正了《森林文化及休闲活动法》，肯定了森林康养对于改善人体免疫系统功能具有非常重要的作用。2012年和2015年先后颁布的《森林文化·休养法》《森林福利促进法》，为大力发展森林康养产业提供了坚实的政策保障，使森林康养产业发展模式进一步充实、丰富。目前，韩国已建设完成158处自然休养林、180处森林浴场以及20个国立森林公园，并且规范了森林康养基地标准体系，全民康养产业链基本形成，每年参与森林康养活动的人口数约占总人口数的20%。

在美国，20世纪50年代开始出现森林康养相关研究。美国的森林康养场所实施保健型森林康养产业模式，把旅游等服务与运动、养生体验有机结合在一起，同时强化森林资源的有效保护，为民众提供了具有创新性的综合配套服务，打造了世界先进的森林康养旅游园区。目前，美国森林康养产业发展态势良好，森林康养场所的年接待康养体验者约20亿人次。

1.5.2 国内森林康养发展状况

1.5.2.1 森林康养产业发展阶段

我国森林康养产业虽然起步晚，但在一系列政策的强力推动和引导下，特别是在2013年首次提出发展森林康养产业后，森林康养产业已经成为我国林业产业、大健康产业、旅游产业的新趋势，进入快速发展阶段。

我国森林康养产业发展经历了3个阶段。

第一阶段：森林康养作为健康养生养老产业的一种形式，开始得到国家政策的鼓励和支持。2013年，国务院发布《关于促进健康服务业发展的若干意见》，鼓励有条件的地区，面向国际、国内市场，整合当地优势医疗资源、中医药等特色养生保健资源、生态旅游资源，发展养生、体育和医疗健康旅游。2015年，国家卫生健康委员会、民政部等部委联合印发了《关于推进医疗卫生与养老服务相结合的指导意见》，要求进一步推进医疗卫生与养老服务相结合，鼓励和引导各类金融机构创新金融产品和服务方式，加大金融对医养结合领域的支持力度，森林康养作为医疗、养老的一种形式自此得到了金融部门的重视。

第二阶段：从2016年开始，国家顺应国民消费水平、生活质量提升带来的产业机遇和农村脱贫致富的客观要求，从两个方面大力支持森林康养产业发展壮大。

一是大力推动大健康、生态产业和旅游产业的体系化建设，重点支持森林康养产业发展壮大。2016年出台的《"健康中国2030"规划纲要》提出，通过发展新型健康产业，提升我国国民的心理健康和身体健康水平。同年，国家林业局出台《关于大力推进森林体验和森林养生发展的通知》《林业发展"十三五"规划》，提出有条件的森林公园、湿地公园、林业系统自然保护区以及其他类型森林旅游地，要把发展森林体验和森林养生纳入总体规划，大力加强硬件、软件建设，积极打造高质量的森林体验和森林养生产品。森林康养产业发展早期的这些政策从基地建设、资金支持等方面推动森林康养的萌芽发展。

二是森林康养产业被视为推动乡村脱贫和乡村振兴的一种特色产业予以支持，重点是提升森林康养基地的基础设施和激发森林康养产业创新。2017—2019年，国家和有关部门先后出台文件，要求进一步盘活森林、草原、湿地等自然资源，充分发挥乡村资源、生态和文化优势，运用"旅游+""生态+"等模式，推进农业、林业与旅游、教育、文化、康养等产业深度融合，发展适应城乡居民需要的休闲旅游、餐饮民宿、文化体验、健康养生、养老服务等产业，建设一批设备完备、功能多样的休闲观光园区、森林人家、森林康养基地、乡村民宿、特色小镇；对集中连片开展生态修复达到一定规模的经营主体，允许在符合土地管理法律法规和土地利用总体规划、依法办理建设用地审批手续、坚持节约集约用地的前提下，利用1%~3%治理面积从事旅游、康养、体育、设施农业等产业开发。

第三阶段：以2019年国家林业和草原局、民政部、国家卫生健康委员会、国家中医药管理局联合印发《关于促进森林康养产业发展的意见》（以下简称为《意见》）为标志，森林康养产业第一次专门被明确予以支持，进入高速发展阶段。《意见》中对森林康养的人才、基地等都有明确要求，指出到2050年，森林康养服务体系更加健全，森林康养理念深入人心，人民群众享有更加充分的森林康养服务。党的二十大报告指出，推进健康中国建设，把保障人民健康放在优先发展的战略位置。这将进一步有力推动森林康养产业的发展，增进民生福祉，提高人民的生活品质。

> **小贴士**
>
> 近年来，国家强调森林康养集群化、体系化、品牌化建设，统筹推进林下产品采集、经营加工、森林游憩、森林康养等多种森林资源利用方式，发展各具优势的特色观光旅游、森林康养、自然教育、林草中药材产业，推动产业标准化、绿色化发展。《全国林下经济发展指南（2021—2030年）》要求形成多层次、多元化、多类型的森林康养产业格局，建设一批环境优良、服务优质、管理完善、特色鲜明、效益明显的国家森林康养基地，鼓励地方开展省级森林康养基地建设，积极创建森林康养特色小镇、森林康养人家，重点发展森林保健养生、康复疗养、健康养老、健康教育等业态；优化森林康养生态环境，加强森林康养环境监测，推进公共服务设施建设；推广一批森林康养品牌。《"十四五"林业草原保护发展规划纲要》明确了"十四五"期间把森林康养作为林下经济的新业态、新产品重点打造。
>
> 各地也出台了大力推进森林康养产业发展的规划，如《贵州省"十四五"林业草原保护发展规划》明确提出，构建产品丰富、管理有序的森林康养服务体系，培育森

林康养领军企业，打造"乐享贵山贵水"公共品牌，建立森林康养骨干人才队伍，与林区群众形成共商、共建、共管、共享机制，辐射带动周边餐饮、民宿、特色食品、工艺品等服务业发展，提供就业岗位，拓宽农户增收渠道，将森林康养产业培育为贵州林业产业新的增长极。

1.5.2.2 森林康养产业发展面临的问题

我国森林康养产业在发展理念、产品结构、人才支撑等方面存在诸多问题（束怡等，2019）。

(1) 产业理念认识不足

经营者对森林康养的理解仅停留在森林旅游、度假休闲的层面上，没有注重健康服务在森林康养产业中的重要性，"康""养"融合度较低，森林康养产业的实践存在一定程度的盲目性。

(2) 资源利用及产业布局不佳

在产业发展的具体实践中，对森林周边自然、人文生态资源没有做到充分规划和合理利用，忽视了文化及健康服务在产业中的运用。

(3) 康养服务体系的专业性与系统性不强

在学科的综合应用领域，其他学科特别是医学、健康学在森林康养产业发展中还未得到融合应用，尚停留在学科、技术探究阶段。对原有生态资源依赖性过强，缺乏实践创新及产业融合的发展理念，缺乏特色化的康养方案和康养产品，康养产品种类不够丰富，缺乏专业性与系统性。

(4) 人力资源及后勤服务不足

相应的人员配套及服务体系还未架构成型，急需建设专业的人才队伍及标准的服务体系。

☞ 实践教学

实践1-1 利用"五感"体验森林康养

1. 实践目的

能够利用"五感"（视觉、听觉、嗅觉、触觉、味觉）体验森林康养。

2. 材料及用具

地块平面图、调查记录表；水性笔。

3. 方法及步骤

(1) 以校园或森林康养基地的某一地块为实践场所，完成"五感"体验。

(2) 以小组为单位，在实践场所内调查"五感"资源。

(3) 以小组为单位，整理调查内容，根据"五感"体验的场地，绘制"五感"地图。

4. 考核评估

根据完成过程和完成质量进行考核评价。

5. 作业

(1) 完成"五感"体验记录。

(2) 完成"五感"地图。

实践 1-2　森林康养基地康养林群落结构调查

1. 实践目的

学会调查森林康养基地的森林结构、植被类型，掌握森林面积、森林覆盖率、郁闭度、树种及林分组成的调查与计算方法。

2. 材料及用具

卫星影像、调查记录表；水性笔。

3. 方法及步骤

(1) 以小组为单位，在校内调查成片绿地，填写调查表格。

(2) 完成调查报告，内容包括绿地面积、森林结构、植被类型、森林面积、森林覆盖率、郁闭度、树种及林分组成分析。

4. 考核评估

根据完成过程和完成质量进行考核评价。

5. 作业

完成调查表格、实习报告。

👉 知识拓展

(1)《森林康养小镇标准》(T/LYCY 1025—2021)

(2)《森林康养人家标准》(T/LYCY 1026—2021)

(3)《森林康养基地命名办法》(T/LYCY 015—2020)

(4)《林地分类》(LY/T 1812—2021)

单元 2 认识森林康养基地

【学习目标】

☞ **知识目标**
(1) 掌握森林康养基地的概念。
(2) 了解森林康养基地的功能与地位。
(3) 掌握森林康养基地的类型。
(4) 掌握森林康养基地命名方法。

☞ **技能目标**
(1) 能对森林康养基地进行命名。
(2) 能识别森林康养基地的类型。

☞ **素质目标**
树立山水林田湖草沙生命共同体理念。

2.1 森林康养基地功能与地位

森林康养基地承载着践行"绿水青山就是金山银山"理念，实现生态产业化、产业生态化的可持续发展，推动林业供给侧结构性改革的功能，是森林康养产业发展的重要载体和平台。

2.1.1 森林康养基地功能

(1) 经济功能

森林康养作为林业发展的新模式，能够实现森林资源从单一木材加工的低质量供给到森林生态游憩再到森林高质量利用的转变，促进林业及其他相关产业的融合升级，满足经济发展、生态建设与健康中国的多样化需求，是实现林业供给侧结构性改革的路径之一。依托森林康养基地，能够把资源优势更好地转化为产业优势和经济优势，培育壮大绿色富民惠民产业，融合多个与健康服务相关的产业，如养生、养老、旅游、医疗、娱乐等产业，形成一个产业集群，把一、二、三产业有效联结，从而带动山区经济发展，为人民群众提供森林观光游览、自然教育、休闲度假、运动养生等优质生态产品。据估计，2023年中国森林康养需求总量超过16亿人次，市场规模2.4万亿元以上。

(2) 社会文化功能

森林康养基地是人们休憩、疗养、旅游甚至探险的场所，同时也是传播生态文明，倡导绿色低碳、简单舒适的健康生活理念的重要平台。在森林康养基地，人们可以学习自然方面的知识，树立人与自然和谐共生的理念，也可以欣赏景观，提高文化素养，激发热爱生命的情操。

(3) 卫生保健功能

森林有着独特的小气候条件，能够吸附灰尘，释放大量杀菌素，还具有降低噪声、抗辐射、阻碍光污染传播的作用，对人的身体健康有着良好的影响。

总之，森林康养基地具有多种功能、多种效益，可有效推动林业与旅游、健康、医疗、体育、养生、养老、疗养、教育等产业融合，形成产业集群，满足人们对优良生态环境的多种需要，推动生态文明进步。

2.1.2　森林康养基地地位

森林康养基地在林业生态建设、产业发展和生态文明宣传等方面扮演着十分重要的角色，起着巨大的作用。主要体现在以下几个方面：

(1) 优化森林环境的试验田

森林康养基地是遵循森林生态系统健康理论，科学开展森林抚育、林相改造和景观提升，丰富植被的种类、色彩、层次和季相的良好试验基地与平台。通过基地建设，可以为生态优良、林相优美、景致宜人、功效明显的森林环境打造提供经验和依据，实现森林资源的提质、增效。

(2) 盘活和完善林业基础设施的先行区

中华人民共和国成立以来，各地建成了大量林间步道、护林防火道、生产性道路、管理用房和生产用地用房，这些建筑设施可以改造为森林康养基地的健康管理中心、森林康养场所、森林浴场所、森林氧吧等服务设施，从而盘活现有资产，提高利用率。同时，以森林康养基地为平台，将森林康养公共基础、健康养老等的设施建设纳入当地基础设施建设规划，也有助于完善现代林业生产设施。

(3) 森林产品开发的实践地

森林康养基地以满足多层次市场需求为导向，着力开展保健养生、康复疗养、健康养老、休闲游憩等森林康养服务，加强药用野生动植物资源的保护、繁育及利用，推动森林康养食材、中药材种植培育和森林食品、饮品、保健品等研发、加工和销售，并依托森林生态标志产品建设工程，培育一批特色鲜明的优质森林康养品牌。

(4) 森林康养文化的宣传者

以森林康养为载体，可以积极推进森林康养文化体系建设，深入挖掘中医药健康养生文化、森林文化、花卉文化、膳食文化、民俗文化以及乡土文化。利用森林康养基地开展自然教育，有利于提高公众对森林康养功能的全面认识，推广森林康养文化，弘扬生态文明理念。

(5) 乡村振兴的助推器

乡村振兴的总体要求是产业兴旺、生态宜居、乡风文明、治理有效、生活富裕，这与森林康养的生态理念高度契合。森林康养基地往往与乡村相依相傍，森林康养产业能够有效地将当地的一、二、三产业融合起来，协调发展。以森林康养基地为媒介，通过"基地+乡村+农户""基地+合作社+农户"等多种模式，能够推动城乡交融互动，优势互补，带动和引领乡村发展，一定程度上加快乡村振兴的步伐。

(6) 生态福祉的播种机

"自然是生命之母，人与自然是生命共同体""生态兴则文明兴，生态衰则文明衰"。人类作为生态系统的一部分，时刻不能忘记保护生态环境。在森林康养基地，人们可以享受到良好的生态环境带来的红利，如体验绿色的森林，呼吸到清新的空气，饮用到洁净的水源，实现对美好幸福生活的积极追求。

2.2 森林康养基地类型

2.2.1 按基地环境特点分类

森林康养基地对森林资源和自然环境有很强的依赖性，借鉴有关研究成果，按照环境特征可将森林康养基地分为5种类型。

(1) 海滨型森林康养基地

海滨型森林康养基地一般建在海岸线边上，充分利用海洋气候对人体的影响与作用，让人在享受海边森林精气的同时，可欣赏潮汐、波浪和沿岸流等水流引力所形成的滨海景观和沙坝、沙滩等海积地貌，满足观海需求（图2-1）。这类森林康养基地可开展日光浴、森林浴、海水浴、运动疗法、园艺疗法等活动。

(2) 湿地型森林康养基地

湿地型森林康养基地一般建于江、河、湖（水库）等中大型水体周边。由于森林与水面相互融合，水面、山际线、天际线交融，水面与森林的倒影相互交织，增加景观的深度与宽度，形成逐次展开的美景，充分展现天空、森林和水体的自然美（图2-2）。这类森林康养基地可以将森林疗法、水疗法结合，形成独特的疗法体系，如云南北海湿地森林康养基地。

图 2-1　海滨型森林康养基地（摄影：李新贵）　图 2-2　湿地型森林康养基地（摄影：范毅）

(3) 山地型森林康养基地

这类森林康养基地，充分利用山区的地形地势、海拔高度、森林小气候和森林环境下的多种景观（如山地风光、峡谷、溶洞、山涧等），巧妙地与外围景色融合，开发空气浴、森林浴、自然教育、园艺疗法、运动疗法等丰富的康养产品，如贵州兴义云屯森林康养基地、贵州青云湖森林康养基地、贵州九龙山森林康养基地、贵州水东乡舍森林康养基地（图 2-3）。

A. 贵州兴义云屯森林康养基地（摄影：李新贵）　　B. 贵州青云湖森林康养基地（摄影：李新贵）

C. 贵州九龙山森林康养基地（基地供图）　　D. 贵州水东乡舍森林康养基地（基地供图）

图 2-3　山地型森林康养基地

(4) 沙漠型森林康养基地

沙漠型森林康养基地一般建在沙漠边缘地带，充分利用沙漠特有气候和景观如纯天然的沙子、沙漠泉水、沙漠森林浴场（图 2-4）对身心健康的影响，开展纯天然沙疗、沙漠泉水治疗、沙漠森林浴等活动。一些沙漠型森林康养基地处于沙漠和黄土高原的结合处，是草原文化和农耕文化的交接地，有着独特的沙漠植被，多种文化相互交融。如内蒙古阿拉善巴丹吉林沙漠素以五绝(即奇峰、鸣沙、湖泊、神泉、古庙)闻名于世。

图 2-4 沙漠胡杨林与沙漠湖泊(摄影：李秀梅)

(5)温泉型森林康养基地

近年来，在休闲度假和康体养生理念盛行下，温泉养生已成为较受大众欢迎的游憩活动之一，温泉型森林康养基地发展较快。温泉浴在一定程度上可以放松神经，排除体内毒素，预防和治疗疾病及延缓衰老。结合森林当中的负离子、植物精气，可以开展温泉疗养、温泉+精气疗养、推拿按摩、中医调理、睡眠调整、芳香体验等活动，开发多样化的森林+温泉养生项目(图2-5)。

A. 息烽温泉森林康养试点基地（基地供图） B. 剑河温泉森林康养试点基地（摄影：李新贵）

图 2-5 温泉型森林康养基地

例如，贵州省是名副其实的"中国温泉省"，其温泉资源丰富，温泉(地热)资源单体264处，分布于72个县(区)，其中优良级资源达77处，富含多种对人体健康有益的微量元素。贵州省人民政府办公厅印发的《关于加快温泉旅游产业发展的意见》明确提出，要发展"温泉+大健康"，发挥贵州的民族医药优势，引进国内外知名温泉疗养企业，大力发展温泉疗养、温泉美容、温泉养老、温泉有机农业等特色产业，开发多层次温泉养生产品和有机农产品。

2.2.2 按基地特色植物分类

森林康养基地可供开发与利用的植物种类非常多，森林康养基地可根据自身资源特点，系列化开发某种植物，如茶、青钱柳、决明子、蓝莓等，打造吃、喝、饮、用、玩等各项活动，形成独特的康养菜单和风格，推动具有品牌效应的特色基地建设。例如，茶园森林康养基地、青钱柳森林康养基地(图2-6)、杜仲森林康养基地、油茶森林康养基地、刺梨森林康养基地、山桐子森林康养基地等。

图2-6　茶园森林康养基地(贵州紫云月亮湾森林康养试点基地供图)
与青钱柳森林康养基地(摄影：李新贵)

2.2.3　按基地建设目标分类

(1)福祉型(公益型)森林康养基地

以国有林场为主体，配套各种基础设施，可建成惠及大众的福祉型森林康养基地。设置森林康养步道、康养活动场地、引导标识等，向公众宣传、提供森林康养知识和康养技能培训，提升公众自我调适身心健康的意识，引导公众体验森林与人体健康的关系(五感体验)，开展自导式森林康养活动，如以都匀市马鞍山国有林场为基础建设的贵州青云湖森林康养基地(图2-7)。

图2-7　贵州青云湖森林康养基地(摄影：李新贵)

(2) 专业型(产业型)森林康养基地

这类森林康养基地根据自身的资源禀赋,挖掘资源特点,针对某些生活习惯病和慢性疾病开发系列化的森林康养课程和产品,为特定人群开展针对性的教育、疗养、休闲、康养活动,以受欢迎的产品、特色课程和高质量的服务,实现盈利与自身发展。这类森林康养基地又可分为8类(表2-1)。

表2-1 专业型(产业型)森林康养基地类型

基地类型	适宜人群	课程特色	备注
自然教育类	青少年	研学旅行、自然教育、园艺疗法、亲子旅游	特色鲜明,适宜人群范围较窄
运动康养类	运动爱好者	运动疗法	特色鲜明,适宜人群范围较窄
康养休闲类	各类人群	园艺疗法、芳香疗法、温泉浴、推拿按摩	适宜人群范围广,特色不鲜明
医养结合类	经医院治疗后身体功能恢复阶段人群	园艺疗法、芳香疗法等身体功能恢复课程	适宜人群范围较窄,特色鲜明、打造困难
慢性疾病康复类	各类慢性疾病患者	特色慢性疾病调理课程	适宜人群范围较窄,特色鲜明、打造困难
养老休闲类	老年人	园艺疗法、芳香疗法、森林浴、温泉浴	适宜人群范围较窄,特色难以打造
自然疗愈类	亚健康人群、心理类疾病人群	自然教育、园艺疗法、运动疗法	适宜人群范围广,特色鲜明
综合业务类	各类人群	各类疗法和课程	适宜人群范围广,特色不鲜明

2021年中国林业产业联合会发布的《特色(呼吸系统)森林康养规范》(T/LYCY 3023—2021)将呼吸系统森林康养定义为针对非医学治疗期间的呼吸系统疾病患者或病后康复阶段的适宜人群,依托森林康养基地,通过饮食起居、文化康养、运动休闲、五感康养等多样化的康养干预途径,达到促进呼吸系统机能改善的活动。

2.3 森林康养基地环境

2.3.1 森林康养基地环境定义

森林康养基地环境是由生物(包括乔木、灌木、草本植物及多种多样动物和微生物等)与其周围环境(包括土壤、大气、水分、光照等各种非生物环境条件)相互作用形成的统一体。每种环境因素都与环境整体密切相关,通过能量流动、养分和水分循环、信息传递影响环境整体的变化(图2-8)。

森林康养基地环境包括森林环境、地质地貌、水文条件、气候条件、交通状况源等。其中，森林环境是最重要的森林康养基地环境，决定着森林康养基地的建设质量、开发模式和营销策略。

图2-8　贵州兴义万峰林森林康养基地全貌(摄影：李新贵)

2.3.2　森林康养基地环境特点

森林环境是自然环境中生物环境的重要组成部分，是地球生物圈中的重要成分，也是地球陆地生态系统的主体。森林康养基地的森林环境，既是森林康养基地建设和发展的基础、不可缺少的环境条件，又是森林康养基地开发利用的对象。

森林康养基地的森林环境同其他森林环境一样，具有6个方面显著特点。

(1)整体性

组成森林环境的各要素都有自身的发展规律，各要素作为森林环境的有机组成部分，相互依存、相互制约、密不可分，形成一个整体。一种要素的改变必将引起其他要素的相应变化，甚至导致森林环境从一种生态环境过渡到另一种生态环境。

(2)多样性

森林环境具有多种生物(包括各种植物、动物和微生物)，这些生物生长在不同的气候、土壤等地理环境条件下，形成一个密不可分的综合体，具有多种功能。

森林环境的多样性具体表现在生物多样性、景观多样性、环境多样性、人文多样性和生产利用多样性等方面。森林环境结构复杂、层次繁多，生态、社会、经济功能强大，人类活动只有掌握这种特性，进行最佳的保护和选择利用，才可高效地发挥森林环境的潜力。

(3) 时空性

森林环境时空变化极为明显。不同的地理位置和条件会形成不同的森林环境;同一地理位置,不同海拔高度、不同土壤立地条件也会形成不同的森林环境。例如,在森林中,乔木占据上层空间,灌木占据下层空间;鸟类分布在林冠上层,兽类分布在林地上;昆虫有的分布在林冠,有的分布在林下空间,有的则分布在土壤中。不同生物占据不同的空间,这就是森林环境的空间结构。森林环境的时间结构是指由于时间变化而产生的结构波动。例如,一年四季中森林的结构有波动,春季发芽,冬季落叶,昆虫和鸟类迁移等。在森林康养基地建设过程中,必须注意森林环境在时间及空间相互作用下的结构。

(4) 有限性

森林环境是在一定的光照、温度、水分、大气条件下形成的。在地球上,森林的分布区域是有限制的,如南北两极、高山和雪原、干旱和荒漠地区以及一切不具备林木生长条件的地区都没有森林。因此,森林环境是有限的,人类对森林资源的开发利用如果超出了其所能负荷的极限,必然会破坏其原有生态系统的平衡,甚至可能因资源消耗过度而枯竭造成森林环境的破坏和消失。

(5) 可塑性

森林环境受到有利因素影响时,其发展及效益性能都会改善;反之,则不然。森林环境对于外部干扰能进行内部结构和功能的调整,以保持生态系统的稳定和平衡,这就是生态系统的自我调节能力,即森林环境的可塑性。需要注意的是,森林环境的可塑性是有一定限度的,超过了阈值,可塑性就会丧失,导致森林环境的破坏。人类利用森林环境的可塑性,就是要对森林环境进行定向改造和培育,使其结构和功能更佳,更有利于人类。

(6) 公益性

森林环境是自然界最重要的生物库、能源库、基因库、二氧化碳储存库、氧气生成库、绿色水库、天然抗污染的净化器,对自然环境的大气圈、水圈、土壤岩石圈和生物圈都具有极其重要的作用。著名的德国学者兰格尔把森林对人类及人类环境的良好作用称为森林的福利作用。森林环境造福人类,具有公益性特点。森林环境是人类生存环境不可缺少的组成部分,也是建设人类更加美好生存环境最积极、最可塑、最活跃的公益性因素。

2.3.3 森林康养基地建设环境条件

森林康养以良好的森林资源和环境为发展基础。森林康养基地建设要特别关注基地的森林面积、森林覆盖率、郁闭度、水质、大气环境质量、声环境质量、空气负离子含量等因子。不同省份森林康养基地建设的环境条件不尽相同(表2-2)。在森林康养基地建设过程中,必须尊重自然,有效保护森林资源和生态环境,对自然环境和历史人文环境尽可能产生最小干扰和影响,在保护好森林生态系统的前提下,高效、合理利用森林资源,实现可持续发展。

表 2-2 国内部分省份森林康养基地建设条件

项目	国家部委发文	林业行业标准	中产联标准	北京市	四川省	福建省	广东省	山西省	贵州省	湖南省	浙江省	江西省
森林面积（hm²）	≥200	≥1000	≥1000	≥100	≥50	≥100	≥300	≥200	≥100	≥200	≥100	≥100
森林覆盖率	>50%	>30%	≥50%	—	≥60%	≥65%	≥60%	≥60%	≥65%	≥70%	≥65%	≥60%
郁闭度	—	>0.4	—	0.6±0.1	—	0.5~0.7	—	0.5~0.7	0.5~0.7	≥0.6	—	≥0.5
水质	—	Ⅲ类	无污染	Ⅱ类以上	Ⅱ类以上	Ⅱ类	Ⅱ类以上	Ⅲ类	Ⅱ类	Ⅱ类	Ⅱ类	Ⅱ类
大气环境质量	优良	二级	无污染	一级	一级	无污染	二级	二级	二级	二级	优良率90%以上	一类
声环境质量	—	Ⅱ类	无污染	0类	—	Ⅰ类	Ⅱ类	Ⅰ类	Ⅰ类	Ⅰ类	Ⅰ类	Ⅱ类
空气负离子含量（个/cm³）	—	>700	>700	>1000	>1000	2000~3000	≥1200	>1500	>1200	≥1500	≥2000	≥1500

注："—"表示未提及。

2.4 森林康养基地命名

2.4.1 森林康养基地命名原则

参照《森林康养基地命名办法》(T/LYCY 015—2020)的要求,森林康养基地命名应遵循科学化、规范化、不重名、符合法律规定等原则。

科学化:应符合《地名标志》(GB 17733—2008)的要求。命名要反映当地地理、历史和森林康养文化特征,名实一致。

规范化:命名不仅要求用字、读音规范,而且要求通名统一规范;含义明确、健康,不违背公序良俗;符合地理实体的实际地域、规模、性质等特征。

不重名:森林康养基地的名称不应与国内著名的自然地理实体名称、全国范围内的县级以上行政区划名称重名,并避免同音。

符合法律规定:应当遵守法律、行政法规和有关规定,尊重当地群众意愿,方便生产与生活。

2.4.2 森林康养基地命名方法

参照《森林康养基地命名办法》(T/LYCY 015—2020),森林康养基地的命名采用双名制或三名制。

(1)双名制

①国家级森林康养基地 "省名+地名+国家级森林康养基地",如四川洪雅瓦屋山国家级森林康养基地、贵州六盘水娘娘山国家级森林康养基地。

②省级森林康养基地 "省名+地名+省级森林康养基地",如四川眉山五龙山省级森林康养基地、贵州桐梓枕泉翠谷省级森林康养基地。

(2)三名制

有特色康养项目的森林康养基地,可以用特色康养项目来命名,即"省名+(县名)+特色康养项目名称+森林康养基地",如贵州盘水妥乐古银杏森林康养基地、贵州贵阳花溪青钱柳森林康养基地、江苏大丰中医药森林康养示范基地等。

2.5 国内森林康养基地发展现状与趋势

2.5.1 国内森林康养基地发展现状

借鉴各国经验,国内各地根据不同的地形地貌和林相景观等,因地制宜发展多样性的森林康养基地。例如,依托高山建设的高山养生基地;以冬季冰雪世界为主题的运动胜地;以温泉为基础的疗养基地;依托森林公园提供露营地、木屋的基地;依托自然保护区的自然教育基地；旨在提升人民幸福感的城市森林公园康养基地。

据国家林业和草原局统计，2021年全国森林康养接待近5亿人次，全国各类型森林康养基地有4000余家，其中国家林业和草原局、民政部、国家卫生健康委员会和国家中医药管理局联合评定的国家森林康养基地96个，中国林业产业联合会认定的国家级森林康养试点建设基地1321家。森林康养成为林业产业的重要业态，如浙江省森林康养产值2348亿元，市值100亿元以上的企业有9个；广西林业生态旅游和森林康养年接待1.45亿人次，总消费额1300亿元，占广西文旅产业收入总额的20%以上；贵州省森林康养全产业链实现产值1965.72亿元，占林业总产值的50%以上。

目前，国内森林康养产业发展仍处于摸索阶段，成熟的森林康养基地较少，产业政策及行业规范远未形成标准体系，森林康养产业发展任重而道远。

2.5.2　国内森林康养基地发展趋势

从森林康养产业发展的角度来看，森林康养基地建设具有以下趋势：

(1) 基地建设标准化

目前，国家林业和草原局颁布了行业标准《森林康养基地质量评定》(LY/T 2934—2018)和《森林康养基地总体规划导则》(LY/T 2935—2018)，中国林业产业联合会发布了《特色(呼吸系统)森林康养基地建设指南》(T/LYCY 1024—2021)、《特色(呼吸系统)森林康养规范》(T/LYCY 3023—2021)、《森林康养小镇标准》(T/LY 1025—2021)、《森林康养人家标准》(T/LYCY 1026—2021)等森林康养团体标准，贵州、四川等省份出台了一些地方标准，有效地指导了森林康养基地建设。未来，随着森林康养产业发展的深入，必将形成一整套的基地建设标准体系，指导基地规范发展。

(2) 硬件、软件一体化

森林康养基地要具备健康管理中心、森林疗养场所、森林浴场所、森林氧吧等服务设施，开发具有特色、安全健康的森林康养食品、饮品、保健品等。同时，森林康养基地还要培养和建设两支队伍：一是由森林园林康养师、心理咨询师、芳香疗法师、自然讲解员、自然教育师、志愿者等组成的森林康养服务人才队伍；二是懂康养、懂经营、懂电商的营销人才队伍。只有软件和硬件两手抓，森林康养基地才有可能做大做强、上档升级。

(3) 资格认证体系化

森林康养基地的建设对森林康养疗法素材、环境条件、接待能力有数量和质量要求，通过资格认证，可以评估基地各方面的条件和能力，指导形成森林康养课程体系和运营管理体系，以确保森林康养基地的服务能力。

(4) 合作交流联盟化

目前，森林康养基地建设尚处于起步阶段，各方投资热情很高，但森林康养基地规划设计相关知识和经验缺乏，运营管理经验未经实践检验，没有足够的森林康养服务人才，亟须秉持"自愿加入，互惠合作，公益运作"的原则，建立森林康养基地联盟，加强基地建设单位、区域间的交流与合作，互补整合，实现森林康养服务人才协调使用，促进森林康养基地协同发展。

(5)基地管理智慧化

林业智慧化能够有效促进森林资源管理、生态系统构建、绿色产业发展协同推进,实现生态、经济、社会综合效益最大化。今后,森林康养基地必须依托5G通信网络,大力应用大数据、云计算、物联网等新一代信息技术,加强现有管理平台系统集成整合,建设功能齐备、互通共享、高效便捷、稳定安全的智慧森林康养系统,提升管理水平。

实践教学

实践2-1 森林康养基地的类型与命名

1. 实践目的

通过实践,学会识别森林康养基地类型,掌握森林康养基地命名方法。

2. 材料及用具

各类森林康养基地资料、森林康养基地类型记录表;水性笔。

3. 方法及步骤

(1)认真阅读森林康养基地资料,将各森林康养基地进行分类,填写森林康养基地类型记录表。

(2)分析各森林康养基地命名的方式。

(3)以小组为单位,以学校为基地进行命名并说明命名依据。

4. 考核评估

根据完成过程和完成质量进行考核评价。

5. 作业

完成森林康养基地类型记录表(含命名和说明)。

知识拓展

(1)《森林康养基地命名办法》(T/LYCY 015—2020)

(2)《森林康养基地质量评定》(LY/T 2934—2018)

(3)《森林康养基地总体规划导则》(LY/T 2935—2018)

(4)《特色(呼吸系统)森林康养基地建设指南》(T/LYCY 1024—2021)

(5)《特色(呼吸系统)森林康养规范》(T/LYCY 3023—2021)

单元 3 森林康养资源调查

【学习目标】

👉 **知识目标**

(1) 了解森林康养资源的概念与类型。
(2) 掌握森林康养基地建设的康养资源八大维度指标。
(3) 了解森林康养资源的调查方法。

👉 **技能目标**

能熟练运用八大维度指标评判森林康养基地环境条件。

👉 **素质目标**

培养认真、规范、严谨的科学精神。

3.1 森林康养资源概念与要素

3.1.1 森林康养资源概念

森林康养资源是指森林康养基地中的森林风景资源、空气负离子、植物精气、高质量空气、优质水源、宜人气候、林副产品等具有康养作用的所有生物和非生物资源(图3-1)。

3.1.2 森林康养资源要素

从康养体验者的角度考虑,森林康养基地建设需要重视绿化度和绿视率、人体舒适度、海拔高度、负氧度、洁静度、通视度、精气度、优产度八大维度的资源要素(表3-1)。

图 3-1 贵州茶寿山森林康养基地森林风景资源(摄影：吴政香)

同时，要综合考虑林分的结构稳定性，林相、季相变化的多样性，森林郁闭度，森林气候，地形地貌，森林浴场环境容量，森林自然景观及人文景观，以及交通可达性等影响因子(谭益民等，2017)。

表 3-1 森林康养资源八大维度指标

指　　标	标　　准
绿化度和绿视率	森林覆盖率 30% 以上，郁闭度 0.4~0.7
人体舒适度	一年中人体舒适度指数为 0 级的天数 ≥150d
海拔高度	海拔 ≤2000m
负氧度	空气负离子含量 ≥1200 个 $/cm^3$
洁静度	空气细菌含量 <300 个 $/m^3$；环境噪声达到《声环境质量标准》(GB 3096—2008) 0 类声环境功能区标准；$PM_{2.5}$ 浓度达到《环境空气质量标准》(GB 3095—2012) 空气污染物限值一级标准；其他空气污染物浓度达到《环境空气质量标准》(GB 3095—2012) 三级以上标准
通视度	通视距离 50m 以上
精气度	森林植被季相变化明显，小气候湿润，有益于身心健康。有针对性地营造或补植释放精气、具有保健功效的植物，提升康养林的疗养功能
优产度	具有中医传统养生的疗养服务站、坐观场所，基地内物产丰富、品质高，能够提供安全、营养的绿色或有机森林养生食品，制订有针对性的食疗菜单

3.1.2.1 绿化度和绿视率

绿化度即绿化覆盖率，是指一个国家或地区绿化面积占总土地面积的百分数，它反映一个国家或地区的绿化现状或生态条件。

绿视率是指眼睛视野中的绿化面积占整个视野面积的百分数，它是从环境行为心理学方面考虑的，体现人对环境绿化的感知。不同面积的绿化以及不同质量的绿化会使人产生不同的心理感受。

大量研究证实，自然环境对人的身心健康有重要的提升作用，能够产生一些积极的反应，使人迅速回归到适度水平的觉醒状态，其中最重要的影响因素就是绿视率；居住区客观绿地环境、居住区主观绿地环境、生活满意度与居民的身心健康之间呈显著正相关；绿色能够缓解疲劳和紧张的情绪，当绿色在人的视野中的面积达到 25% 时，对眼睛具有较好的保护作用，使人感到非常舒适。据统计，世界上长寿地区的绿视率均在15%以上。因此，森林康养基地较高的绿视率有利于人的身心健康。

目前，国内森林康养基地对森林覆盖率和绿视率的要求没有统一标准，一般要求森林覆盖率30%以上，林分郁闭度0.4~0.7。

3.1.2.2 人体舒适度

人体舒适度用于评价不同气候条件下人的舒适感，是衡量人体对气温、风、湿度、太阳辐射等气象要素的综合感应指标。

根据温度和湿度之间的关系，人体舒适度计算公式为：

$$SSD=(1.818t+18.18)\times(0.88+0.002f)-32v+18.2+(t-32)/(45-t)$$

其中，SSD为人体舒适度指数，t为平均气温(℃)，f为相对湿度(%)，v为风速(m/s)。人体舒适度可分为以下几级：

86~88：4级，人体感觉很热，极不适应，应注意防暑降温，以防中暑。
80~85：3级，人体感觉炎热，很不舒适，应注意防暑降温。
76~79：2级，人体感觉偏热，不舒适，可适当降温。
71~75：1级，人体感觉偏暖，较为舒适。
59~70：0级，人体感觉最为舒适，最为接受。
51~58：-1级，人体感觉略偏凉，较为舒适。
39~50：-2级，人体感觉较冷(清凉)，不舒适，应注意保暖。
26~38：-3级，人体感觉很冷，很不舒适，应注意保暖防寒。
<25：-4级，人体感觉寒冷，极不适应，应注意保暖防寒，防止冻伤。

森林康养基地要求人体舒适度指数为0级的天数≥150d。

3.1.2.3 海拔高度

海拔高度也称绝对高度，是指某地与海平面的高度差，通常以平均海平面作标准进行计算，是表示地面某个地点高出海平面的垂直距离。海拔的起点称为海拔零点或水准零点。从1956年起，我国统一用青岛黄海零点作为各地计算海拔高度的水准零点。

(1)适宜居住的海拔高度

根据国际通行海拔划分标准，1500~3500m为高海拔，3500~5500m为超高海拔，5500m以上为极高海拔。在0海拔高度时，空气中的氧气含量为20.95%；海拔每升高100m，氧气含量下降0.16%。人居适宜性海拔高度分级(杨海艳，2013)如下：

Ⅰ级：海拔0~800m，很适宜。
Ⅱ级：海拔800~1800m，适宜。
Ⅲ级：海拔1800~2800m，有所不适。
Ⅳ级：海拔2800~3600m，对于一般人不适宜。
Ⅴ级：海拔3600m以上，对于大多数人不适宜。

(2)适合运动的海拔高度

800m以下：空气密度较大，气压较高，在这一海拔高度区间运动会对人体机能造成较重负担。除非特别需要，在海拔800m以下的森林，不宜设计运动量较大的森林康养项目。

800~2000m：最适合人类运动。这一海拔高度区间氧气含量较低，运动时血氧饱和度低，胆红素的抗氧化作用得以增强，减轻了细胞氧化压力。应针对有运动需求的疾病，适当开发一些偏动态的森林康养项目。

2000~2500m：这是运动员高度训练的最佳海拔高度。海拔2500m处的含氧量只有海边的80%，氧气少，有利于心肺功能的提高。但是，长期生活在平原地区的中老年人和孕妇，突然到达海拔2000m以上的地区，会对身体造成不利影响。

2500m以上：一般人只能适应氧分压减少20%，超过此值就会引发身体不适。海拔2500m以上的地区，大气压力低，氧气含量少，容易出现呼吸困难等高原反应，不宜开展森林康养活动。

森林康养基地海拔高度目前无统一要求，如贵州省要求海拔≤2000m，四川省要求海拔不高于2800m。建议海拔以≤2500m为宜（图3-2），既适宜居住，又适宜针对不同康养体验者群体设计差异化的森林康养项目。

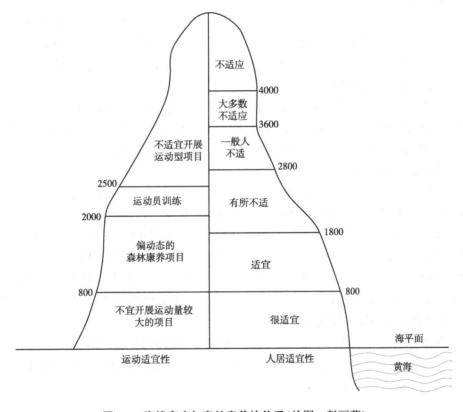

图3-2　海拔高度与森林康养的关系（绘图：彭丽芬）

3.1.2.4　负氧度

负氧度是指负氧离子的浓度。空气中，分子在高压或强射线作用下能够发生电离并产生自由电子，自由电子与中性气体分子结合后，就形成带负电荷的空气负离子。空气中绝大部分自由电子是被氧气分子所捕获的，一般常用空气负离子表示空气负氧离子。

空气中负离子浓度是空气质量好坏的标志之一。世界卫生组织发布数据说明：清新空气的负离子标准浓度为不低于 1000 个/cm^3。

(1) 空气负离子对人体和环境空气的作用

①负离子对人体的影响　含有负离子的空气被人体吸入后，进入人体循环，可调节人体植物性神经，改善心肺功能，加强呼吸深度，促进人体新陈代谢；又因其带负电荷，呈弱碱性，可中和肌酸，消除疲劳。空气中负离子浓度达到 5000~50000 个/cm^3 时，能增强人体免疫力；达到 5 万~10 万个/cm^3 时，能消毒杀菌、减少疾病传染；达到 10 万~50 万个/cm^3 时，能提高人体自然痊愈能力。长期在富含负离子的环境中生活，可明显改善呼吸系统、循环系统等多项机能，使人精神焕发，精力充沛，记忆力增强，反应速度提高，耐疲劳度提高，神经系统稳定，睡眠改善。

对神经系统的影响　空气负离子可降低血液中 5-羟色胺含量，增强神经抑制过程，使大脑皮层功能及脑力活动加强，还可使脑组织获得更多的氧，使氧化过程力度加大，振奋精神，提高工作效率。

对心血管系统的影响　负离子有明显的扩张血管的作用，可解除动脉血管痉挛，降低血压，并具有明显的镇痛作用。负离子对于改善心脏功能和心肌营养也大有好处，有利于心脑血管病人的康复。负离子还有使血液变慢、延长凝血时间的作用，能使血中含氧量增加，有利于血氧输送、吸收和利用。

对呼吸系统的影响　负离子有改善和增加肺功能的作用。负离子通过呼吸道进入人体，可以提高人的肺活量。试验表明，在玻璃面罩中吸入空气负离子 30min，可使肺部吸收氧气量增加 20%，排出二氧化碳量增加 14.5%。因此，负离子对呼吸道、支气管疾病等具有显著的辅助治疗作用。

此外，负离子还能增强人体免疫力，提高机体的解毒能力，使激素水平保持平衡，并能够消除人体内因组胺过多引起的不良反应如过敏性反应。

②负离子能灭菌、除尘，对空气的消毒和净化有一定作用　负离子具有较高的活性，有很强的氧化还原作用，能破坏细菌的细胞膜或原生质中酶的活性，从而达到抗菌、杀菌的目的。负离子还能与灰尘、烟雾等带正电荷的微粒相结合，并聚成球落到地面，从而起到净化空气和消除异味（香烟烟雾、装修材料中释放的有害气体所产生的异味等）的作用。

(2) 空气负离子浓度的影响因素

①地理条件　空气中负离子浓度的高低受地理条件的影响（表 3-2）。高山、种植基地、乡村田野、海滨、湖泊、瀑布附近和森林中负离子浓度较高。因此，当人们进入森林中的时候，会感觉头脑清新，呼吸爽快。

表 3-2　不同环境中空气负离子的浓度　　　　　　　　　　　　　个/cm^3

环　境	空气负离子浓度	生理作用
城市居民房间	40~100	诱发生理障碍性头痛、失眠等
机关办公室	100~150	诱发生理障碍性头痛、失眠等
城市街道绿化带	100~200	改善身体健康状况
城市公园	400~600	改善身体健康状况

(续)

环　境	空气负离子浓度	生理作用
郊区旷野	700~1000	增强人体免疫力
森林、海滨	1000~3000	增强人体免疫力
喷泉	10000 以上	杀菌，减少疾病传染
瀑布	50000 以上	人体具有自然痊愈力

资料来源：柳丹等(2012)。

②气温和相对湿度　负离子浓度受气温和相对湿度这两个气象因子影响。空气负离子浓度与气温和相对湿度呈显著正相关，高湿的环境有利于空气负离子的产生。

③植物　负离子被誉为"空气维生素"，是森林康养的重要治愈因子，对生命来说必不可少。国内外已有大量研究证实，植物能够增加空气中的负离子浓度。植物资源密度、叶面积指数对负离子有直接影响。也就是说，植物越多、总叶片面积越大，越有利于负离子产生。在相同叶量的前提下，针叶树叶片具有较高的比表面积，更有利于负离子产生。例如，在相同条件下，墨兰和金边吊兰上方空气的负离子浓度要高于绿萝和鹅掌柴，而水杉、罗汉松和马尾松林中负离子浓度要高于阔叶林。

3.1.2.5 洁静度

洁静度是指森林康养基地空气中含尘(包括微生物)量的多少和环境安静的程度。

(1) 空气细菌含量

大气中的微生物多依附于灰尘等溶胶粒子而以微生物气溶胶的形式存在，其来源主要有植物、土壤、水体、废物处理厂、畜牧业和农业等。世界卫生组织调查显示，当空气细菌含量大于 $1000CFU/m^3$ 时，伤口感染率显著增高。因此，$1000CFU/m^3$ 常作为清洁空气和非清洁空气的界限。

依据《室内空气中细菌总数卫生标准》(GB/T 17093—1997)的规定，室内空气中细菌含量，撞击法 $\leq 4000CFU/m^3$，沉降法 $\leq 45CFU/$皿。森林康养基地要求空气细菌含量 $< 300CFU/m^3$。

(2) 空气洁净度

空气洁净度是指环境中空气含尘(微粒)量的程度，以每立方米空气中的最大允许微粒数来表示。

①空气污染源　可分为自然污染源和人为污染源两大类。自然污染源是由于自然原因(如火山爆发、森林火灾等)而形成，人为污染源是由于人类从事生产和生活活动而形成。空气质量的好坏反映了空气污染程度，依据空气中污染物浓度的高低判断。环境空气污染物包括烟尘、总悬浮颗粒物、可吸入颗粒物(PM_{10})、细颗粒物($PM_{2.5}$)、二氧化氮、二氧化硫、一氧化碳、臭氧、挥发性有机化合物等。其中，细颗粒物($PM_{2.5}$)又称细粒，指环境空气中空气动力学当量直径 $\leq 2.5\mu m$ 的颗粒物。它能较长时间悬浮于空气中，其在空气中浓度越高，就代表空气污染越严重。与较粗的大气颗粒物相比，$PM_{2.5}$ 粒径小、面积大、活性强，易附带有毒、有害物质(如重金属、微生物等)，且在大气中的停留时间长、输送距离远，因而对人体健康和大气环境质量的影响更大。

森林康养基地空气污染物浓度应达到《环境空气质量标准》(GB 3095—2012)二级以上标准,各污染物限值见表3-3、表3-4所列。

表3-3 环境空气污染物基本项目浓度限值

序号	污染物项目	平均时间	浓度限值 一级	浓度限值 二级	单位
1	二氧化硫(SO_2)	年平均	20	60	$\mu g/m^3$
		24h平均	50	150	
		1h平均	150	500	
2	二氧化氮(NO_2)	年平均	40	40	
		24h平均	80	80	
		1h平均	200	200	
3	一氧化碳(CO)	24h平均	4	4	mg/m^3
		1h平均	10	10	
4	臭氧(O_3)	日最大8h平均	100	160	$\mu g/m^3$
		1h平均	160	200	
5	颗粒物≤10μm	年平均	40	70	
		24h平均	50	150	
6	颗粒物≤2.5μm	年平均	15	35	
		24h平均	35	75	

表3-4 环境空气其他污染物浓度限值

序号	污染物项目	平均时间	浓度限值 一级	浓度限值 二级	单位
1	总悬浮颗粒物(TSP)	年平均	80	200	$\mu g/m^3$
		24h平均	120	300	
2	氮氧化物(NO_X)	年平均	50	50	
		24h平均	100	100	
		1h	250	250	
3	铅(Pb)	年平均	0.5	0.5	
		季平均	1	1	
4	苯并[α]芘(BaP)	年平均	0.001	0.001	
		24h平均	0.0025	0.0025	

②空气质量状况分级 空气质量指数是定量描述空气质量状况的无量纲指数。根据《环境空气质量指数(AQI)技术规定(试行)》(HJ 633—2012),空气质量指数划分为6档,指数越大,级别越高,污染越严重,对人体健康的影响越大(表3-5)。

表 3-5 空气质量指数及相关信息

空气质量指数	空气质量指数级别	空气质量指数类别及表示颜色		对人体健康的影响	建议采取的措施
0~50	一级	优	绿色	空气质量令人满意,基本无空气污染	各类人群可正常活动
51~100	二级	良	黄色	空气质量可接受,但某些污染物可能对极少数异常敏感人群的健康有较弱影响	极少数异常敏感人群应减少户外活动
101~150	三级	轻度污染	橙色	易感人群症状轻度加剧,健康人群出现刺激症状	儿童、老年人及心脏病、呼吸系统疾病患者应减少长时间、高强度的户外锻炼
151~200	四级	中度污染	红色	进一步加剧易感人群症状,可能对健康人群心脏、呼吸系统有影响	儿童、老年人及心脏病、呼吸系统疾病患者应减少长时间、高强度的户外锻炼;一般人群适量减少户外运动
201~300	五级	重度污染	紫色	心脏病、肺病患者症状显著加剧,运动耐受力降低,健康人群普遍出现症状	儿童、老年人及心脏病、肺病患者应留在室内,停止户外运动;一般人群应减少户外运动
>300	六级	严重污染	褐红色	健康人群运动耐受力降低,有明显症状,提前出现某些疾病	儿童、老年人和病人应当留在室内,避免体力消耗;一般人群应避免户外活动

(3) 环境噪声强度

环境噪声强度即环境中振幅和频率完全无规律的声音的大小程度。当环境噪声达到 100dB 时,会使人感到刺耳、难受,甚至引起暂时性耳聋;当环境噪声超过 140dB 时,会引起视觉模糊,呼吸、脉搏、血压都会发生波动。

根据不同时段的环境噪声限值大小,声环境分为 4 类功能区(表 3-6)。

表 3-6 声环境功能区环境噪声限值　　　　　　　　　　　　　　　　　dB

声环境功能区类别		时 段	
		昼 间	夜 间
0 类		50	40
1 类		55	45
2 类		60	50
3 类		65	55
4 类	4a 类	70	55
	4b 类	70	60

注:引自《声环境质量标准》(GB 3096—2008)。

0 类声环境功能区:指康复疗养区等特别需要安静的区域。

1 类声环境功能区:指以居住、医疗卫生、文化体育、科研设计、行政办公为主要功能,需要保持安静的区域。

2类声环境功能区：指以商业金融、集市贸易为主要功能，或者居住、商业、工业混杂，需要维护住宅安静的区域。

3类声环境功能区：指以工业生产、仓储物流为主要功能，需要防止工业噪声对周围环境产生严重影响的区域。

4类声环境功能区：指交通干线两侧一定区域之内，需要防止交通噪声对周围环境产生严重影响的区域，包括4a类和4b类两种类型。4a类为高速公路、一级公路、二级公路、城市快速路、城市主干路、城市次干路、城市轨道交通（地面段）、内河航道两侧区域；4b类为铁路干线两侧区域。

森林康养基地环境噪声要求达到0类声环境功能区标准，即白天环境噪声不超过50dB，夜间环境噪声不超过40dB。

3.1.2.6 通视度

通视度是指人眼能够直接看到物体或景观的程度。通视度受季节、天气、光线、物体大小、视线角度等影响。

森林康养基地要求有较好的通视度，以增加康养体验者的安全感。一般通视距离以50~100m较为合适。

3.1.2.7 精气度

精气度是指森林康养基地及其所在区域内的森林释放的植物精气含量。

森林中植物精气的含量随季节而变化，在夏季增加，在冬季降低；有些种类的植物精气在白天多一些，有些种类的植物精气在晚上多一些。在水平分布上，与森林边缘相比，森林中心部植物精气多一些；在垂直分布上，植物精气更趋于集中在地面。另外，某些植物精气只在空气湿度足够大时才有，因此在晨雾中步行体验感更强。

3.1.2.8 优产度

优产度是指森林康养基地能够为康养体验者提供优质服务和优质农产品等地方物产的程度，包含物产优势度和配套度两个方面。森林康养基地要求具有中医传统养生的康养服务站、坐观场所，基地内物产数量丰富、品质高，能够提供安全、营养的绿色或有机森林养生食品，制订有针对性的食疗菜单。

(1) 物产优势度

物产优势度是指地方特产品质优劣程度。目前，国家的食品安全等级，从低到高分为普通食品、无公害食品（加工食品中是QS强制标准）、绿色食品（A级与AA级）、有机食品4个等级（图3-3）。绿色或有机农产品占农产品总量的比例是衡量某地物产优势度高低的一个重要指标。

森林康养基地应当为康养体验者提供安全、无公害、多样化的食品，提高康养体验者的愉悦感和好感度。

(2) 配套度

配套度是指医疗、教育、娱乐、生活、道路、通信、商贸、水电气等与公共服务和生活有关的设施设备体系齐全与舒适的程度。良好的森林康养基地要求具备舒适的居住环境，休闲体验设施和保健设施齐全，森林康养步道设置合理，适于多种康养活动的开展和体验。

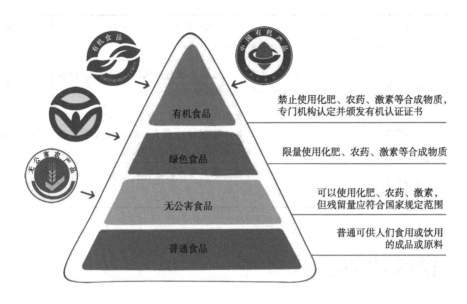

图 3-3 食品安全等级金字塔（绘图：彭丽芬）

以贵州荼寿山森林康养基地为例，其建设条件见表 3-7 所列。

表 3-7 贵州荼寿山森林康养基地建设条件

项目		设立条件	八大维度
基地地址选择	面积	≥100hm²	
	区位交通	距离交通枢纽 40min 车程	
	权属	权属清楚，能够作为森林康养基地长期使用	
森林资源质量	森林覆盖率	≥65%以上	绿化度、精气度
	森林郁闭度	0.5~0.7	
森林风景资源类型		至少包含地文景观资源、水文景观资源、生物景观资源、天象景观资源、人文景观资源 5 类森林风景资源中的 3 类资源	通视度
生态环境质量	水质	地表水环境质量达到《地表水环境质量标准》(GB 3838—2002)规定的Ⅲ类标准，污水排放按照《城镇污水处理厂污染物排放标准》(GB 18918—2002)中一级标准的 B 标准执行	洁静度
	负离子浓度	平均浓度≥4500 个/cm³	负氧度
	空气细菌含量	<500CFU/m³	洁静度
	$PM_{2.5}$ 浓度	达到《环境空气质量标准》(GB 3095—2012)环境空气污染浓度限值二级标准	洁静度
	噪声	声环境质量达到《声环境质量标准》(GB 3096—2008)规定的Ⅰ类标准	洁静度

(续)

项　目		设立条件	八大维度
生态环境质量	人体舒适度	指数为 0 级的天数≥150d	人体舒适度
	土壤质量	达到《土壤环境质量 农用地土壤污染风险管控标准》(GB 15618—2018)规定的二级标准	人体舒适度
	环境辐射	远离天然辐射高本底地区，无通过工业发展变更的天然辐射，无有害人体健康的人工辐射，符合《电离辐射防护与辐射源安全基本标准》(GB 18871—2002)的要求	人体舒适度
	森林健康环境	参照《森林健康经营与生态系统健康评价规程》(DB11/T 725—2010)执行	精气度、优产度

3.2 森林康养资源类型

依据现存状况、形态和属性，森林康养资源可划分为森林风景资源、森林生态环境资源和森林食材资源 3 类。

3.2.1 森林风景资源

森林风景资源又称为森林景观资源，指森林资源及其环境要素中能对康养体验者产生吸引力，可以为康养业开发利用，并可产生相应的社会效益、经济效益和环境效益的各种物质和因素。森林风景资源包括地文景观资源、水文景观资源、生物景观资源、天象景观资源和人文景观资源 5 类(图 3-4)。

①地文景观资源　包括典型地质构造、标准地层剖面、生物化石、自然灾变遗迹、名山、火山熔岩景观、蚀余景观、奇特与象形山石、砂砾石地、砂砾石滩、岛屿、洞穴及其他地文景观。

②水文景观资源　包括风景河段、漂流河段、湖泊、瀑布、泉、冰川及其他水文景观。

③生物景观资源　包括各种自然或人工栽植的森林、草原、草甸、古树名木、奇花异草等植物资源及景观，野生或人工培育的动物及其他生物资源及景观。

④天象景观资源　包括雪景、雨景、云海、朝晖、夕阳、佛光、蜃景、极光、雾凇及其他天象景观。

⑤人文景观资源　包括历史古迹、当代建筑、社会风貌、民俗风情、地方产品及其他人文景观。

3.2.2 森林生态环境资源

森林生态环境资源指森林生态环境中对人体健康起作用的各种生态因子，包括水质、大气质量、空气负离子浓度、空气细菌含量、$PM_{2.5}$ 浓度、噪声、人体舒适度、土壤质量等。

A. 银岩（地文景观资源）   B. 银水河（水文景观资源）

C. 昆虫（生物景观资源）   D. 雪景（天象景观资源）

E. 苏州风格酒店（人文景观资源）   F. 老碾坊（人文景观资源）

图 3-4 贵州茶寿山森林康养基地风景资源（摄影：吴政香）

3.2.3 森林食材资源

森林食材资源又称为森林食品，是源自森林、取自森林，在优质的森林生态环境下，以原生态动植物为原料生产、加工的各类食品。森林食材的原料多生长于空气清新、水质清洁的山林、荒野等洁净的自然环境条件下，具有无公害、纯天然、无污染、不可替代性和产品结构特有性等特点。

森林食材资源包括森林蔬菜、森林粮食、森林油料等九大类（刘正祥等，2006）。

(1) 森林蔬菜

森林蔬菜也称山野菜、长寿菜，是指生长在森林地段或森林环境中，可作蔬菜食用的森林植物。森林蔬菜是一类重要的可食性植物资源。根据《中国森林蔬菜》的分类方法，把

图 3-5　贵州林下菌(赤松茸)种植(摄影：李新贵)

森林蔬菜分为叶菜类、茎菜类、花菜类、果菜类、根菜类和菌藻类共 6 类(图 3-5)。

以贵州省为例，森林蔬菜具有种类多样性、生活型多样性、生境多样性的特点，开发利用潜力巨大。初步统计表明，贵州省可食用的森林蔬菜有 149 科 410 属 840 种，常见的森林野菜有 76 科 168 属 225 种。除菌类外，贵州省森林蔬菜主要集中在菊科、禾本科(主要是竹类)、唇形科、蝶形花科、十字花科、百合科、蓼科、蔷薇科等被子植物及蕨类植物，绝大多数为草本植物，木本植物也占有重要地位。其中，木本森林蔬菜主要集中在禾本科的竹亚科、五加科、樟科(多为佐料)、芸香科(多为佐料)、菝葜科等。

(2) 森林粮食

森林粮食植物是指植物体的某个部分(包括果实、种子、根、皮、叶、花等)含有较多淀粉、单糖、低聚糖或者蛋白质，能代替粮食食用的森林植物。我国森林粮食资源丰富，现已查明的有 120 多种，其中木本 100 多种，仅板栗、柿、枣等木本粮食植物在我国的栽培面积就达 270 万 hm²，总产量达 17 亿 kg，年出口量达 6.3 亿 kg。另有魔芋、蕨、葛等的块茎、块根也可被加工成粉等供食用。

依据食用部位主要成分的不同，将森林粮食植物分为三大类：淀粉植物，如板栗、栎类、银杏、葛、蕨和野百合等；糖料植物，此类植物种类繁多，如枣、柿、猕猴桃、笋用竹等，食用部位不仅能制糖供食用，而且可以直接作为饮料；蛋白质植物，如腰果、马尾松、槐等。

(3) 森林油料

森林油料植物是指森林植物体内(果实、种子或茎叶)含油脂 8% 或在现有条件下出油率达 80% 以上的植物。我国木本油料植物有 400 多种，其中含油量 15%~60% 的有 200 多种，含油量 50%~60% 的有 50 多种，已广泛栽培提供油料的有 30 多种。目前，已知栽培的木本油料植物只是极少部分，还有大量的野生资源有待发掘和进一步开发利用。

我国木本油料植物中大面积人工栽培的主要有乌桕、油茶、油桐、油橄榄、核桃等，其中乌桕为中国特产的木本油料植物，油茶林是我国分布面积最大的木本油料林(图 3-6)，山桐子、元宝枫的开发方兴未艾。

(4) 森林饮料

森林饮料主要是指利用森林植物的果、叶、花或花粉、汁液等为原料加工制成的具有天然营养成分、无污染兼有药用价值的天然饮料。我国的森林饮料资源极其丰富，目前发

图 3-6 贵州油茶生态健康休闲基地(贵州玉水油茶科技发展有限公司提供)

现的可作为饮料原料的树种约有 100 种,其中茶(图 3-7)是我国最主要的饮料植物,其他饮料植物绝大多数仍处在待开发的状态。随着人们保健意识的增强和不同消费者的特殊需要,森林饮料的市场占比呈上升趋势,发展速度强劲。

图 3-7 茶叶基地与茶艺(摄影:吴政香)

根据所采用植物器官的不同,可将森林饮料植物分为以下几类:花类饮料植物,如鸡蛋花、杭菊、金银花等;果类饮料植物,如咖啡、罗汉果、芍药、刺梨等;叶类饮料植物,如茶、苦丁茶、桑等;根茎类饮料植物,如甘草、牛奶树等。根据功效,可将饮料植物分为:常规饮料植物,如胡桃、猕猴桃、桑、无花果等;保健饮料植物,如沙棘、茉莉花、枸杞等。

(5)森林饲料

森林饲料是重要的饲料资源。在许多国家,特别是在南亚、东南亚和非洲的国家,森林饲料在畜牧业中占有重要地位。森林饲料是指木本植物的嫩枝叶、花、果实、种子及其加工的副产品,既可直接放牧利用,又可采集、刈割、加工以后饲喂禽畜。我国有丰富的树木资源,其中可以用作木本饲料的有 1000 多种,如苹果、槐、桑、泡桐、构等,每年可提供数亿吨饲料。

(6)森林药材

森林药材是指产自森林环境,具有特殊化学成分及生理作用,并有医疗作用的动植物及其产品。森林药材可分为植物性药材和动物性药材。据统计,我国药用植物达 5000 余种,其中木本药用植物有 300 余种,野生药用动物 500 余种,素有"药用宝库"之美称。

药材是中医用来防治疾病和医疗保健的物质基础,含有能预防和治疗疾病的活性物

图 3-8 贵州道地药材天麻（摄影：杜田强）

质。按药用功效，可将其分为清热解表、祛风除湿、祛痰、理气活血、补益安神、泻下消导、驱虫杀虫、祛寒、收敛固涩、治疮肠肿瘤及其他共 11 类；按药材的品质，可将其分为道地药材（经中医临床长期应用优选出来，产于特定地域，与其他地区所产同种中药材相比，品质和疗效更好且质量稳定，具有较高知名度的中药材）和一般药材。如贵州省 2021 年公布了第一批道地药材目录，有天麻、黄精、白及、半夏等 95 种中药材（图 3-8）。

中国有着药食同源的传统，很多食物即药物，食物与药物之间并无绝对的界限。古代医学家将中药的"四性""五味"理论运用到食物之中，认为食物也具有"四性""五味"。这类药食同源的食物称为食药物质，是指传统作为食品，且列入《中华人民共和国药典》的物质。国家卫生健康委员会和国家市场监督管理总局制定了《按照传统既是食品又是中药材的物质目录管理规定》对食药物质进行管理，2020 年开展党参、肉苁蓉、铁皮石斛、西洋参、黄芪、灵芝、山茱萸、天麻、杜仲叶 9 种按照传统既是食品又是中药材的物质的生产经营试点工作。

（7）森林蜜源

森林蜜源植物是指具有蜜腺，能分泌甜液并被蜜蜂采集、酿造成蜂蜜的森林植物。森林蜜源植物是养蜂业生产的物质基础。我国森林蜜源植物资源可利用的达 9857 种，分属于 110 科 394 属，被系统研究、能生产大量商品蜜的仅有 30 多种，如椴树、刺槐、胡枝子、山乌桕等。

按养蜂价值的大小，可将森林蜜源植物分为主要蜜源植物和辅助蜜源植物。数量多、分布广、花期长、泌蜜丰富，蜜蜂爱采集并能生产商品蜜的植物，称为主要蜜源植物，如刺槐、椴树、枣树、荔枝、山桂花等；只能生产零星蜂蜜的则为辅助蜜源植物，如麻黄、毛白杨、桑、构、悬铃木等。

（8）森林香料

森林香料植物是指含有芳香成分或挥发性精油的森林植物，这些挥发性精油可能存在于植物的全株或植物的根、茎、叶、花和果实等器官中。食用香料植物则是指在饮食业中用于加香调料的植物性原料。我国天然香料植物共有 400 余种（其中木本植物 100 多种），主要集中在芸香科、八角科、樟科、木兰科等。目前，已开发利用的天然木本香料植物仅 50 余种，较重要的有八角、樟树、黄樟、肉桂等。香料植物在食品制作过程中具有调味、调香、防腐抑菌、抗氧化等作用，还可以作为饲料的天然添加剂。

根据利用部位不同，食用香料植物可分为：根茎类香料植物，如姜、菖蒲等；茎叶类香料植物，如月桂、木兰、五味子等；花类香料植物，如菊花、桂花、金银花等；果实类香料植物，如花椒、柠檬、香橙等；种子类香料植物，如扁桃、胡椒、八角、茴香等；树皮类香料植物，如斯里兰卡肉桂、中国肉桂、川桂皮等（图 3-9）。

（9）其他种类

除上述几种以外的各种森林食品都归此类，如森林肉食、森林添加剂等。

A. 金银花　　　　　　　　　　　　B. 花椒

图 3-9　森林香料植物(摄影：吴政香)

森林是各种动物种群的栖息地，森林肉食主要有两大类：一类是林下养殖的各类动物，产量最大的有鸡、鸭等；另一类是昆虫食品，如蝗虫、九香虫、蚕蛹等。

森林添加剂越来越受到人们的欢迎，如天然的抗氧化剂、防腐剂、杀菌剂等，不仅赋予食品良好的色、香、味，而且具有一定的保健作用。我国的森林添加剂植物有 900 多种，已开发利用的有 150 余种，色素植物达 50 余种（1991 年被批准允许使用的植物色素就有 39 种，如辣椒红、高粱红、β-胡萝卜素等）。

森林食品是森林康养基地的重要森林康养资源，也是其康养特色打造的基础。如贵州茶寿山森林康养基地的森林食品种类较为丰富，以各类森林蔬菜为特色，打造了一系列的森林食品(图 3-10)，吸引了众多的康养体验者前往。

A. 薤白（野葱）：多凉拌、炒食　　　B. 豆瓣菜：凉拌、炒食、煮汤或煮火锅

C. 鸭儿芹：凉拌、炒肉、煮汤　　　D. 荨麻：煮火锅、凉拌、炒食及制作艾麻饼

图 3-10　贵州茶寿山森林康养基地部分森林食品(摄影：吴政香)

E. 蒲公英：凉拌、煮汤、炒食　　F. 竹笋：鲜食，也可制成干品

G. 天胡荽（地仙绣）：煮汤（肉丸子汤、鸡蛋汤）　H. 鼠麴草（清明菜）：煮汤、制作清明粑

图3-10　贵州茶寿山森林康养基地部分森林食品（摄影：吴政香）（续）

3.3 森林康养资源调查

3.3.1 调查范围与流程

森林康养资源调查一般以基地建设单位提供的相关资料如流转协议、基本范围图等确定调查范围。同时，需准备好地形图、卫星影像等基本图。调查范围的面积一般采用 ArcGIS 软件求算，保留小数点后4位，单位为公顷（hm^2）。

调查流程如图3-11所示。调查结束后，整理、编制专题或综合调查报告，作为森林康养基地建设可行性研究和总体规划的依据。

3.3.2 调查内容

3.3.2.1 森林风景资源调查

森林风景资源所具有的科学、文化、生态和旅游等方面的价值称为森林风景资源质量。在进行地文景观资源、水文景观资源、生物景观资源调查时，要注意特异性调查，即调查景观或景点、景物的知名度及珍稀性。

(1) 地文景观资源调查

调查内容包括土壤、地质、地貌、海拔等。要调查悬崖、陡壁、奇峰、怪石、雪山、

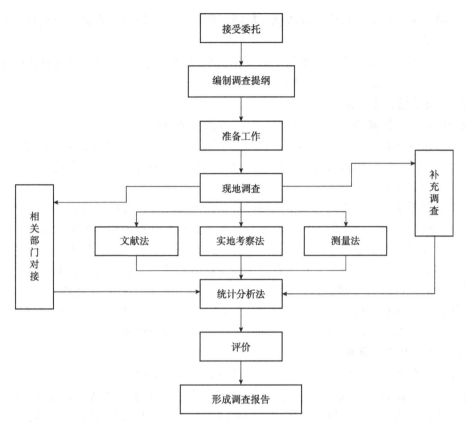

图 3-11　森林康养资源调查流程

溶洞等，记载山名(当地名)、海拔高度、母岩性质、坡度、相对高差、山势走向等。对特异山(石)景，还应记载奇峰(怪石)的位置、体态大小、生成原因、数量、分布特点(群状、零星分布或孤立景物或广布)；调查溶洞的入口形状、位置、深度、广度、形成原因、洞内景观等。

对可远眺湖、河流、原野、林海、沙漠、日出、云海、雾海等的位置及时间，也应进行记载。

(2)水文景观资源调查

调查内容包括湖泊、河、滩、瀑布、溪流和泉水等的名称、位置、水位、流量、水温、洪水淹没线、地下水、水利工程设施等。

①湖泊　调查当地名称、位置、海拔、形成原因、水面涨落时面积及水深(最深水位、最浅水位、一般一位)、水源、水质及可用性、季节变化、沉积物、水周边、形成景观及游憩价值。

②河、滩　调查位置、海拔高度、形状、组成物质与滩面环境，滩底岩性及坡度(最大坡度、平均坡度)、坡向、相对高差、滩面面积与季节性变化、洪水及枯水期、游憩价值。

③瀑布　调查位置、海拔高度、母岩、成因、相对高差、水量及厚度(整体厚度、断段厚度)、水源及季节变化、景观特点等。

④溪流　调查位置、长度、发源地、坡降、所属水系、流量、水量季节变化、水质及开发方式与价值。

⑤泉水　调查位置、流量、水量季节变化、水质（成分、水温）及效用（饮用矿泉、医疗矿泉），可否作一般沐浴温泉或康养温泉。

(3) 生物景观资源调查

调查内容包括植被条件、动物资源、植物资源3个方面。

①植被条件调查　可与动植物资源调查合并进行。植被条件调查内容包括森林面积、森林覆盖率、通视度、树种及林分组成、林地保护等级、公益林等级、平均直径、平均树高、森林健康状况等。

②动物资源调查　调查内容包括动物种类及其栖息环境、分布区域、活动规律。

③植物资源调查　调查植物种质资源与分布，尤其要注意古树、珍稀大树、针叶树种及林分、有毒植物、中草药、森林食品的调查，并在地形图上标注，作为重要的森林康养资源条件和安全隐患重点关注。对具有较高观赏价值的林分、植物种类，调查并记载森林景观特征、规模（面积）、建群种及观赏植物外观特点，叶形、叶色、花期、花形、花色、果形、果色等观赏利用价值。对于古树名木，调查并记载所处位置、生境、树种、年龄、树高、胸径、冠幅、冠形及分布特点，编撰古树名木资源一览表。

(4) 天象景观资源调查

调查内容包括当地气候、基地小气候、基地天象景观资源等。

①当地气候调查　调查内容包括温度、光照、湿度、降水、风等，需要10年以上的长期积累才能分析出一个地区的气候因子随时间的变化规律及其在空间的分布特征。

②基地小气候调查　调查内容一般包括太阳辐射、空气温度和湿度、降水、风向和风速、二氧化碳浓度、土壤温度和湿度、蒸散量、叶面温度，以及由这些森林气象要素所决定的基地环境的辐射平衡、热量平衡、水分平衡、水汽输送等。

③基地天象景观资源调查　调查内容包括基地的云、雾、雾凇、雪凇、日出、日落及佛光等天象景观的出现季节、持续时间、形状、观赏位置等。

(5) 人文景观资源调查

①名胜古迹调查　调查古建筑种类、建筑风格及艺术价值，建筑年代、历史及建筑状况，建筑物数量、分布情况及占地面积，有关建筑物的传说、故事及目前吸引康养体验者情况，以及存在问题和有关建议等。

②革命纪念地调查　调查革命纪念地的文献记载、革命活动的文物位置、保护现状等。

③民俗风情调查　收集神话、传说、故事材料；调查与旅游有关的居民情况，如民族及服饰、村寨建筑风格、传统食品；调查历史名人故居位置、保护现状及有关情况。

(6) 可借景资源调查

调查不在森林康养基地内，但具备观赏条件，对基地具有影响力的自然与人文景观。记载可借景物的种类、名称、与基地的距离、景观价值及可能吸引游人的数量等。

3.3.2.2　生态环境资源调查

生态环境资源调查的内容包括大气质量、地表水质量、空气负离子浓度、人体舒适度指数、空气细菌含量、声环境质量、环境辐射水平和自然灾害等。

(1) 大气质量调查

调查大气污染物如烟尘、总悬浮颗粒物、可吸入颗粒物(PM_{10})、细颗粒物($PM_{2.5}$)、二氧化氮、二氧化硫、一氧化碳、臭氧、挥发性有机化合物等的浓度。

(2) 地表水质量调查

地表水质量是指水中各项生化指标大小的程度。调查的内容主要为环境水文条件、水污染源和水环境质量(表3-8)。

表3-8 地表水环境质量标准基本项目标准限值　　　　mg/L

序号	项目		Ⅰ类	Ⅱ类	Ⅲ类	Ⅳ类	Ⅴ类
1	水温		人为造成的环境水温变化应限制在：周平均最大温升≤1℃，周平均最大温降≤2℃				
2	pH(无量纲)		6~9				
3	溶解氧	≥	饱和率90%(或7.5)	6	5	3	2
4	高锰酸盐指数	≤	2	4	6	10	15
5	化学需氧量(COD)	≤	15	15	20	30	40
6	五日生化需氧量(BOD_5)	≤	3	3	4	6	10
7	氨氮(NH_3-N)	≤	0.15	0.5	1	1.5	2
8	总磷(以P计)	≤	0.02(湖、库0.01)	0.1(湖、库0.025)	0.2(湖、库0.05)	0.3(湖、库0.1)	0.4(湖、库0.2)
9	总氮(湖、库,以N计)	≤	0.2	0.5	1	1.5	2
10	铜	≤	0.01	1	1	1	1
11	锌	≤	0.05	1	1	2	2
12	氟化物(以F^-计)	≤	1	1	1	1.5	1.5
13	硒	≤	0.01	0.01	0.01	0.02	0.02
14	砷	≤	0.05	0.05	0.05	0.1	0.1
15	汞	≤	0.00005	0.00005	0.0001	0.001	0.001
16	镉	≤	0.001	0.005	0.005	0.005	0.01
17	铬(六价)	≤	0.01	0.05	0.05	0.05	0.1
18	铅	≤	0.01	0.01	0.05	0.05	0.1
19	氰化物	≤	0.005	0.05	0.05	0.05	0.1
20	挥发酚	≤	0.002	0.002	0.005	0.01	0.1
21	石油类	≤	0.05	0.05	0.05	0.5	1
22	阴离子表面活性剂	≤	0.2	0.2	0.2	0.3	0.3

(续)

序号	项目		Ⅰ类	Ⅱ类	Ⅲ类	Ⅳ类	Ⅴ类
23	硫化物	≤	0.05	0.1	0.2	0.5	1
24	粪大肠菌群(CFU/L)	≤	200	2000	10 000	20 000	40 000

(3) 空气负离子浓度调查

空气负离子的含量多少表明了空气清新程度,是评价森林康养基地优劣的重要因子。调查时要记录好测量地点、海拔、时间、植被情况、树种组成、水文情况等。

(4) 人体舒适度指数调查

收集森林康养基地全年日平均气温、相对湿度和平均风速数据,根据《森林康养基地质量评定》(LY/T 2934—2018)和《森林康养基地总体规划导则》(LY/T 2935—2018)中公式计算得出人体舒适度指数。

(5) 空气细菌含量调查

调查空气细菌含量,记录好采样地点、时间。

(6) 声环境质量、环境辐射水平调查

调查基地声环境质量和环境辐射水平。

(7) 自然灾害调查

调查内容包括气象灾害、地质灾害等。

①气象灾害调查 气象灾害有台风(热带风暴、强热带风暴)、暴雨(雪)、雷暴、冰雹、大风、沙尘、龙卷风、大(浓)雾、高温、低温、连阴雨、冻雨、霜冻、结(积)冰、寒潮、干旱、干热风、热浪、洪涝等。调查气象灾害出现的季节(月份)、频率、强度及对森林康养、交通、居住的危害程度,以及历史上发生的重灾例、频率、灾情及其发生原因等。

②地质灾害调查 地质灾害是指在地球的发展演化过程中,由各种地质作用形成的灾害性地质事件。地质灾害主要有4种类型:滑坡、崩塌、泥石流、地面塌陷。调查突发性地质灾害出现的季节(月份)、频率、强度及对森林康养、交通、居住的危害程度,以及历史上发生的重灾例、频率、灾情及其发生原因等。

(8) 其他不利因素调查

调查基地及其附近恶性传染病的病源、传播蔓延情况;调查不利于开展森林康养的地方、民族风俗习惯及其他社会因素。

3.3.2.3 森林食材资源调查

森林食材资源调查以森林蔬菜、森林饮料等九大类资源为对象,调查内容如下。

(1) 产品范围调查

调查食材是否来自经过认定的森林食品基地,以及森林食品的种类、生产地点和分布范围、产量等。获得省级以上认定的森林食品基地,在调查资料中需进行标注。这是无形的品牌资产,也是森林康养基地的一种优质资源,有利于基地特色打造。

(2) 产品的自然环境调查

森林食品作为纯天然、无污染的食物,应该产自优良的自然环境。重点调查产地有无污染源、污染程度及自然条件优良程度。此项调查可结合生态环境资源调查进行。

(3) 产品检测报告调查

查验森林食品的检测报告，查看重金属和农药残留是否超标。

(4) 是否可追溯调查

调查产品生产过程是否可追溯，是否按规定施用肥料、农药。

3.3.3 调查方法

3.3.3.1 常用调查方法

森林康养基地的森林康养资源调查是建设森林康养基地的前提。在初期理论探索阶段，主要运用的方法是文献法；在中期调研阶段，主要运用的方法是调查法（实地考察法）和测量法；在后期阶段，主要运用的是统计分析法等。

(1) 文献法

文献法是对文献进行查阅、分析、整理，并力图寻找事物本质属性的一种方法。文献类型有：期刊文章、专著、论文集、学位论文、报纸、国际和国家标准（地方标准、行业标准、企业标准）、专利、未定义类型的文献（档案、报告、综述、规划、方案）等。

(2) 实地考察法（调查法）

实地考察法是深入基地及周边区域收集自然条件、森林资源等资料，了解基地现状、发展趋势、资源特点，形成科学认识的一种方法。可分为踏查、样地调查、专项调查、问卷调查、访谈调查等。调查数据具有较强的代表性和真实性。通过现地调查，能够对基地的自然条件、康养资源、社会经济等方面有直观的判断。

(3) 测量法

测量法是根据一定的客观标准和规则，将基地的自然条件数量化的过程与方法。

(4) 统计分析法

统计分析法是在文献法、实地考察法和测量法收集资料的基础上，使用统计学的方法对各类森林康养资源（如森林风景资源、森林生态环境资源、森林食材资源的分布地点、数量、规模、聚集情况等）进行统计和分析的方法，可以为森林康养基地建设提供依据。

3.3.3.2 森林风景资源调查方法

进行森林风景资源调查，一般先采用文献法收集相关资料，然后到现场采用实地考察法开展调查，如采用样地调查、典型调查、座谈访问等多种方法结合，以地形图或卫星影像作为底图，将景观要素的位置或范围描绘在工作底图上，同时做好各项记录，便于开展统计与分析。

(1) 地文景观资源调查

地文景观资源调查以现场调查为主，文献法为辅。基地区域整体地文情况可以从《××省情》、各市（州、县）的综合农业区划等专业书籍中获知。收集整理信息后，到现场进行调查，必要时可采集土壤标本、岩石标本带回分析、研究。

(2) 水文景观资源调查

调查方法以文献法为主，现地核实、测量为辅。基地区域整体水文情况可以从《××省情》、各市(州、县)的综合农业区划等相关专业书籍中获知，也可以到水利水务局咨询。收集整理信息后，到现场进行核实(流量、水温需要进行实际测量)。

(3) 生物景观资源调查

一般可以先收集各类文献，筛选分类后，到实地进行调查、核实。

①植被条件基本因子调查　严格按照《森林资源规划设计调查技术规程》(GB/T 26424—2010)、《贵州省第四次森林资源规划设计调查实施细则》的要求，运用平板、ArcGIS软件、围尺、测高器等专业调查工具，开展植物种类、植被类型等基本因子调查，统计森林面积、森林覆盖率、郁闭度、通视度、树种、林分组成等数据。

②森林分类区划调查　在植被条件基本因子调查的基础上，与当地林业草原主管部门对接，将基地的数据、地形图与国土空间规划、森林资源调查规划、林地保护利用规划等专业调查数据核对，分析森林康养基地范围内土地利用状况及空间开发的限制因素。

③野生动物调查　收集当地相关文献资料，并咨询专家后，按《全国第二次陆生野生动物资源调查方案》《全国第二次陆生野生动物资源调查技术规程》《贵州省雉类资源专项调查方案》《贵州省野生豹、云豹资源专项调查方案》和《贵州省部分蛇类资源专项调查方案》等开展调查。

(4) 天象景观资源调查

天象景观资源具有不确定性和时间性，因此应先查看县志、旅游志等资料中是否有记载，然后到实地与当地群众访谈，再对收集到的信息进行核实(注意天气预报，有目的地等待，开展实地调查)。

气候条件调查以文献法为主，对于基地小气候，可借助便携式气象观测仪器进行信息补充。如果要全面了解基地的小气候，则需要在基地设置观测站(点)，对气温、降水、日照、气压等反映气候状态的基本量进行长期监测。

①区域环境气候调查　采用文献法，收集该地区气象因子相关记录和分析，从中引用需要的气候因子相关数据和资料。

第一种方法是从各类专业书籍中查找资料，如贵州省凤冈县的气候条件资料可以从《贵州省情》《凤冈县综合农业区划》等专业书籍中查找到，也可以到当地气象局查询。

第二种方法是直接在网络上进行搜寻，搜寻内容包括气象站资料、往期当地的气象研究文献、政府记录等，或在国家气象科学数据共享服务平台进行查询，获得需要的气象因子数据。

第三种方法则是应用EPW数据。该数据为美国能源部开放的专业气象分析软件EnergyPlus所采用，几乎涵盖了全球所有主要地区的气象资料，包括太阳辐射、太阳路径、云量图、温湿度、焓湿图等。

②基地小气候调查　基地小气候一般采用小气候观测仪器进行观测。目前，由于物联网技术、计算机技术、云计算等技术的发展，小气候观测仪器已能做到多要素自动连续采集、数字显示、自动记录贮存以及打印和数据的自动化处理。

(5) 人文景观资源调查

采用文献法,收集当地相关人文景观资源的信息,如地点、历史、典故、传说等;与当地群众进行充分访谈,了解当地历史变迁,为现地调查、核实提供线索和重点,提高调查质量和效率;对收集和调查的各项资料进行整理、统计与分析,梳理出基地及周边人文景观资源的特点和时间轴、空间轴变化;必要时可实地核实。

(6) 可借景资源调查

要综合运用文献法、实地考察法和统计分析法开展可借景资源调查。

3.3.3.3 生态环境资源调查方法

(1) 大气质量调查

污染物的浓度必须使用专业检测仪器进行测量才能确定。因此,大气质量调查以测量法为主,实地考察法、文献法为辅。

(2) 地表水质量调查

地表水质量调查采用测量法。到水源地取样后,按照《地表水环境质量标准》(GB 3838—2002)的规定,对水样进行专业分析。一般聘请专业机构完成地表水质量调查与检测,并出具检测报告。

(3) 空气负离子浓度调查

空气负离子调查采用测量法,应严格按照《空气负(氧)离子浓度观测技术规范》(LY/T 2586—2016)的要求,采用专业仪器进行监测。要求做到:

①真实性 在数据采集、传输、记录、存储以及统计处理等过程中,不误报、漏报、隐报数据,确保数据真实。

②及时性 遵守监测和发布时间要求,及时向社会公开发布数据监测结果。

③连续性 采用动态连续监测的方式,加强监测系统的检查和维护,确保数据采集、传输和发布的连续性。

(4) 人体舒适度指数调查

人体舒适度指数调查采用文献法。收集森林康养基地全年日平均气温、相对湿度和平均风速数据,根据公式 $SSD=(1.818t+18.18)\times(0.88+0.002f)-32v+18.2+(t-32)/(45-t)$ 计算得出人体舒适度指数。

(5) 空气细菌含量调查

空气细菌含量调查必须用测量法。检测时一般采用撞击法或沉降法,按照《公共场所卫生检验方法》(GB/T 18204.6—2013)和《公共场所空气微生物检验方法细菌总数测定》(GB/T 18204.1—2000)的要求执行。一般要聘请专业卫生机构进行检测。

(6) 声环境质量、环境辐射水平调查

声环境质量、环境辐射水平调查采用测量法。采用专业仪器,按照《声环境质量标准》(GB 3096—2008)和《电离辐射防护与辐射源安全基本标准》(GB 18871—2002)的要求执行。一般要聘请专业机构进行检测。

(7) 自然灾害调查

自然灾害调查以文献法为主,以基地区域实际调查为补充,尤其是访谈当地老年人,收集资料,完善文献中未记录的情况。

(8) 其他不利因素调查

查阅相关文献,并到森林康养基地及周边走访当地群众。在此基础上,到现场查勘核实,必要时用相关仪器检测。

3.3.3.4 森林食材资源调查方法

森林食材资源调查可以采用文献法和实地调查相结合的方式进行。一是与生物景观资源调查一并进行,在收集、整理资料的基础上,对森林蔬菜、森林蜜源、森林饮料等资源进行实地调查。二是与当地村委会、企业和农户访谈,了解当地生产情况,收集产品检测报告、品牌信息和证书等资料。在此基础上,对调查和收集的资料进行统计与分析。

综上,森林康养资源调查内容、调查指标、调查方法见表3-9所列。

表3-9 森林康养资源调查一览表

调查内容		调查指标	调查方法
森林风景资源	地文景观资源	地质地貌、土壤、海拔、岩石、形象石、奇峰等	文献法、专家咨询和实地考察法
	水文景观资源	河流、山泉、湖泊的水质和流量等	文献法、专家咨询和实地考察法
	生物景观资源	植被条件基本因子	文献法、专家咨询和实地考察法
		森林分类区划	文献法、专家咨询
		野生动物	文献法、专家咨询和实地考察法
	天象景观资源	区域环境气候	文献法
		基地小气候	测量法
		雾凇、雪凇、日出、日落景观等	文献法和实地考察法
	人文景观资源	名胜古迹、革命纪念地、民俗风情	文献法和实地考察法
	可借景资源	基地周边可借景资源	文献法、实地考察法、统计分析法
森林生态环境资源	大气质量	各类空气污染物浓度	测量法
	地表水质量	见《地表水环境质量标准》(GB 3838—2002)	测量表
	空气负离子浓度	空气负离子浓度	测量法
	人体舒适度指数	人体舒适度指数	文献法和统计分析法
	空气细菌含量	空气细菌含量	测量法
	声环境质量	噪声水平	测量法
	环境辐射水平	辐射水平	测量法
	自然灾害	滑坡、泥石流、崩塌、火灾	文献法、实地考察法
	其他不利因素	疾病、有害植物、大型动物	文献法、实地考察法、测量法
森林食材资源	森林食材	种类、产地、质量、数量、是否可追溯	文献法、实地考察法

实践教学

实践 3-1　森林康养资源调查

1. 实践目的

学会森林康养资源的调查方法，培养运用森林康养资源相关知识的能力。

2. 材料及用具

调查记录表及相关调查工具。

3. 方法及步骤

（1）以小组为单位，以某一森林康养基地或学校内绿地作为调查对象，收集调查区域的自然条件资料。

（2）以小组为单位，调查森林康养基地资源种类和数量，填写调查表格。

（3）撰写调查报告。

4. 考核评估

根据完成过程和完成质量进行考核评价。

5. 作业

完成调查表格和调查报告。

知识拓展

(1)《中国森林公园风景资源质量等级评定》(GB/T 18005—1999)

(2)《森林康养基地质量评定》(LY/T 2934—2018)

单元 4 森林康养基地现状评价

【学习目标】

知识目标

(1) 掌握森林康养基地资源评价指标体系。
(2) 掌握森林康养评价指标分值的应用。

技能目标

能够应用评价标准对基地康养资源进行评价。

素质目标

培养实事求是、依规办事的作风。

借鉴贵州省森林康养基地建设与评价的经验和做法，森林康养基地现状采用定性与定量的方法进行评价。贵州省森林康养基地现状评价包括森林风景资源评价、生态环境质量评价和开发利用条件评价3个方面。通过现状评价，分析森林康养基地是否具备建立条件，明确资源质量和特点，找出基地不足和缺点，为基地规划和建设奠定基础。

4.1 森林风景资源评价

参照《中国森林公园风景资源质量等级评定》（GB/T 18005—1999）附录 A1[森林公园风景资源质量评价及因子评价分值(理想值)]和 A2(森林公园风景资源质量评价因子评价值表)，根据调查资料开展森林风景资源评价(图 4-1)。

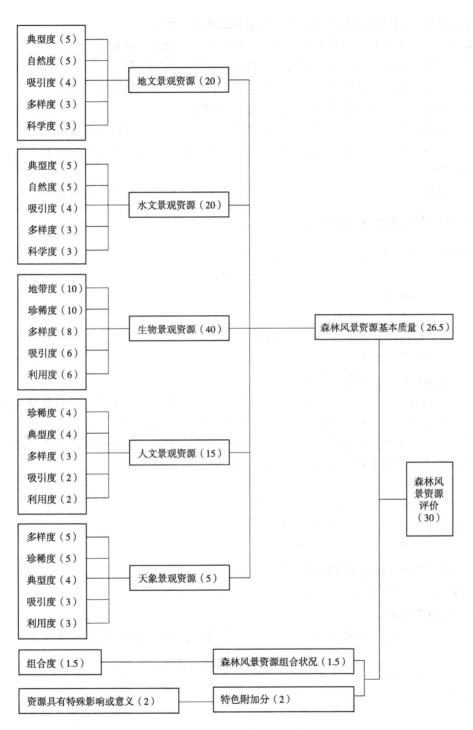

图 4-1 森林风景资源评价

4.1.1 森林风景资源评价因子

①**典型度** 指风景资源在景观、环境等方面的典型程度。

②自然度　指风景资源主体及所处生态环境的保全程度。
③多样度　指风景资源的类别、形态、特征等方面的多样化程度。
④科学度　指风景资源在科普教育、科学研究等方面的价值。
⑤利用度　指风景资源开展旅游活动的难易程度和生态环境的承受能力。
⑥吸引度　指风景资源对康养体验者的吸引程度。
⑦地带度　指生物资源水平地带性和垂直地带性分布的典型特征程度。
⑧珍稀度　指风景资源含有国家重点保护野生动植物、文物各级别的类别、数量等方面的独特程度。
⑨组合度　指各风景资源类型之间的联系、补充、烘托等相互关系程度。

4.1.2　森林风景资源评价分值

森林风景资源评价总分值按公式(4-1)计算：

$$M = B + Z + T \quad (4-1)$$

式中：M——森林风景资源质量评价分值；
　　　B——森林风景资源基本质量评分值；
　　　Z——森林风景资源组合状况评分值；
　　　T——特色附加分。

(1)森林风景资源基本质量评分值

对地文景观资源、水文景观资源、生物景观资源、人文景观资源和天象景观资源5类资源的评价因子评分，按照公式(4-2)对森林风景资源的评价因子评分值加权计算，获得森林风景资源基本质量评分值，满分为30分。单项评价因子的评分值越接近于权数，表示森林风景资源的基本质量越接近于理想状态(表4-1、表4-2)。

$$B = \sum X_i F_i / \sum F \quad (4-2)$$

式中：B——森林风景资源基本质量评分值；
　　　X——森林风景资源类型评分值；
　　　F——森林风景资源类型权数。

(2)森林风景资源组合状况评分值

按满分1.5分对组合度(Z)评分。

(3)特色附加分

按满分2分评分，指森林风景资源单项要素在国内外具有重要影响或特殊意义。

表4-1　森林风景资源质量评价因子值

评价因子	地文景观资源评分值				
	权值	极强	强	较强	弱
典型度	5	5	3~4	2	0~1
自然度	5	5	3~4	2	0~1
吸引度	4	4	3	2	0~1

(续)

评价因子	地文景观资源评分值				
	权值	极强	强	较强	弱
多样度	3	3	2	1	0~1
科学度	3	3	2	1	0~1

评价因子	水文景观资源评分值				
	权值	极强	强	较强	弱
典型度	5	5	3~4	2	0~1
自然度	5	5	3~4	2	0~1
吸引度	4	4	3	2	0~1
多样度	3	3	2	1	0~1
科学度	3	3	2	1	0~1

评价因子	生物景观资源评分值				
	权值	极强	强	较强	弱
地带度	10	8~10	6~7	3~5	0~2
珍稀度	10	8~10	6~7	3~5	0~2
多样度	8	6~8	4~5	2~3	0~1
吸引度	6	5~6	4	2~3	0~1
科学度	6	5~6	4	2~3	0~1

评价因子	人文景观资源评分值				
	权值	极强	强	较强	弱
珍稀度	4	4	3~4	2	0~1
典型度	4	4	3~4	2	0~1
多样度	3	3	2	1~2	0~1
吸引度	2	2	1~2	0.5~1	0~0.5
利用度	2	2	1~2	0.5~1	0~0.5

评价因子	天象景观资源评分值				
	权值	极强	强	较强	弱
多样度	1	0.8~1	0.5~0.7	0.3~0.4	0~0.2
珍稀度	1	0.8~1	0.5~0.7	0.3~0.4	0~0.2
典型度	1	0.8~1	0.5~0.7	0.3~0.4	0~0.2
吸引度	1	0.8~1	0.5~0.7	0.3~0.4	0~0.2
利用度	1	0.8~1	0.5~0.7	0.3~0.4	0~0.2

(续)

评价因子	组合状况评分值			
	极 强	强	较 强	弱
组合度	1.2~1.5	0.8~1.1	0.4~0.7	0~0.3

评价因子	特色附加分评分值			
	极 强	强	较 强	弱
附加分	1.5~2	1.0~1.4	0.5~0.9	0~0.4

表 4-2　森林公园风景资源质量评价标准

资源类型	评价因子	评分值	权　数	加权值	评价值
地文景观资源 (X_1)	典型度	5	20 (F_1)	26.5 (B)	30 (M)
	自然度	5			
	吸引度	4			
	多样度	3			
	科学度	3			
水文景观资源 (X_2)	典型度	5	20 (F_2)		
	自然度	5			
	吸引度	4			
	多样度	3			
	科学度	3			
生物景观资源 (X_3)	地带度	10	40 (F_3)		
	珍稀度	10			
	多样度	8			
	吸引度	6			
	科学度	6			
人文景观资源 (X_4)	珍稀度	4	15 (F_4)		
	典型度	4			
	多样度	3			
	吸引度	2			
	利用度	2			
天象景观资源 (X_5)	多样度	1	5 (F_5)		
	珍稀度	1			
	典型度	1			
	吸引度	1			
	利用度	1			
资源组合 (Z)	组合度	1.5		1.5	
特色附加分 (T)		2		2	
森林风景资源基本质量评分值		$B=\sum X_i F_i / \sum F$			
森林风景资源评价总分值		$M=B+Z+T$			

4.2 生态环境质量评价

生态环境质量评价因子包括空气质量、地表水质量、土壤质量、空气负离子浓度、人体舒适度指数、空气细菌含量、声环境质量等。将调查资料统计分析后，与森林康养基地建设标准如《森林康养基地质量评定》(LY/T 2934—2018)或各省(自治区、直辖市)森林康养基地建设标准逐一对照，计算生态环境质量得分，做出评价。以《贵州省森林康养基地规划技术规程》(DB52/T 1197—2017)为例，森林康养基地生态环境质量评价因子、评价依据和赋值见表4-3所列。

表4-3 森林康养基地生态环境质量评价

评价因子	评价依据	赋 值
空气质量	达到《环境空气质量标准》(GB 3095—2012)一级标准	8
	达到《环境空气质量标准》(GB 3095—2012)二级标准，且康养区达到一级标准	5
地表水质量	达到《地表水环境质量标准》(GB 3838—2002)Ⅱ类标准	7
	达到《地表水环境质量标准》(GB 3838—2002)Ⅲ类标准	4
土壤质量	达到《土壤环境质量 农用地土壤污染风险管控标准》(GB 15168—2018)一级标准	6
	达到《土壤环境质量 农用地土壤污染风险管控标准》(GB 15168—2018)二级标准	3
空气负离子浓度	平均浓度1200个/cm^3以上，康养区达到50 000个/cm^3以上	12
	平均浓度1200个/cm^3以上，康养区达到5000个/cm^3以上	8
	平均浓度1200个/cm^3以上，康养区达到2000个/cm^3以上	5
人体舒适度指数	一年中人体舒适度指数为0级(最舒适)的天数在250d以上	8
	一年中人体舒适度指数为0级(最舒适)的天数在200d以上	6
	一年中人体舒适度指数为0级(最舒适)的天数在150d以上	4
空气细菌含量	300CFU/m^3以下	6
	400CFU/m^3以下	4
	500CFU/m^3以下，且康养区达到300CFU/m^3以下	3
声环境质量	达到《声环境质量标准》(GB 3096—2008)的0类标准	3
	达到《声环境质量标准》(GB 3096—2008)的Ⅰ类标准，且康养区达到0类标准	2

注：各单项指标分值累加得出生态环境质量评价分值，满分为50分。

4.3 开发利用条件评价

开发利用条件包括区位条件、外部交通、内部交通、设施条件4个方面。将调查资料与《森林康养基地质量评定》(LY/T 2934—2018)或各省(自治区、直辖市)森林康养基地建设标准有关条款对照,计算开发利用条件得分。以《贵州省森林康养基地规划技术规程》(DB52/T 1197—2017)为例,森林康养基地开发利用条件评价因子、评价依据和赋值见表4-4所列。

表4-4 森林康养基地开发利用条件评价

评价因子	评价依据	赋值
区位条件	距离交通枢纽和干线 0.5~1h 车程	5
	距离交通枢纽和干线 1~2h 车程	3
外部交通	与高速公路、国道或省级道路相连,有交通车辆随时可达;或水路较方便,在当地交通中占有重要地位	5
	与省级道路或县级道路相连,交通车辆较多;或水路较方便,有客运	3
内部交通	区内有多种交通方式可供选择,具备游览的通达性	5
	区内交通方式较为单一	3
设施条件	有自有水源或各区通自来水,有充足变压电供应,有较为完善的内外通信条件,康养服务设施较好	5
	通水、电,有通信和接待能力,但各类基础设施条件一般	3

注:各单项指标分值累加得出开发利用条件评价分值,满分为20分。

4.4 森林康养基地评价分级

根据森林风景资源评价分值、生态环境质量评价分值和开发利用条件评价分值,计算森林康养基地总体评价得分。《贵州省森林康养基地规划技术规程》(DB52/T 1197—2017)中,根据评价得分分为3级(表4-5),设立森林康养基地,其评价分级必须达到三级以上。

表4-5 森林康养基地评价分级

级别	分值范围(分)		适用范围
一级	森林风景资源评价分值	>15	森林医院、高水平疗养区、养老区
	生态环境质量评价分值	41~50	
	开发利用条件评价分值	>10	
二级	森林风景资源评价分值	>15	健身疗养、森林保健中心、森林浴场
	生态环境质量评价分值	36~40	
	开发利用条件评价分值	>10	
三级	森林风景资源评价分值	>10	森林游憩、森林浴场、森林教育
	生态环境质量评价分值	26~35	
	开发利用条件评价分值	>10	

4.5 森林康养基地评价案例

以贵州百里杜鹃国家森林公园森林康养基地为案例,介绍森林康养基地评价的方法与过程。

4.5.1 森林风景资源评价

4.5.1.1 森林风景资源概况

贵州百里杜鹃国家森林公园森林康养基地面积为 11 087.4hm²,其中有林地面积 7284.4hm²,森林覆盖率为 65.7%;杜鹃密林 3821.0hm²,疏林和散生杜鹃林 4537.0hm²。生态保育区(九龙山国有林场)741.7hm² 属国有,其余的 10 345.7hm² 为集体所有。

(1)地文景观资源

①山峰景观　基地境内地貌属中山丘陵地貌,山体较小,连绵起伏,有喀斯特地貌的山峰景观。如普底乡西边高耸巍峨的红岩峰、白岩峰,金坡乡高家岩山峰及五指峰等,这些山峰给地势较为舒缓的丘陵地貌添上了一道亮丽的山峰景观(图 4-2)。

②悬崖景观　百里杜鹃片区内由于地貌特征具有诸多悬崖景观,峭壁如削,蔚为壮观。

图 4-2　贵州百里杜鹃国家森林公园森林康养基地群峰景观(摄影:李新贵)

③奇石景观　百里杜鹃片区内奇石以对嘴岩最为奇特。两块高高耸立的岩石相对而生,岩石前端形似鸟嘴,很亲近地相对着,似窃窃私语,故而得名。

④峡谷景观　在天桥村有花底岩峡谷,峡谷两侧的悬崖绝壁呈剪状排开,似万里长城逶迤而下。峡谷内有横架于两山之间的天然石桥奇观,峡谷深处为米底河,在天桥下有一段伏流,在伏流出口处有一个半月形的巨大岩溶景观。

⑤溶洞景观　百里杜鹃片区内,溶洞、漏斗和落水洞遍布。主要溶洞景观有观音洞(大坑洞)、花底岩溶洞、燕子洞等。

(2)水文景观资源

①河流资源　百里杜鹃片区内主要水体景观是米底河。米底河发源于大水乡坪寨村,从森林公园境内花底岩峡谷穿流而过,在天桥下有一段长 300m 的伏流,水流湍急,冲击岩石发出雷鸣般的声音。

②温泉资源　基地内已打出深 3250m、水温 40℃左右和深 2850m、水温 66℃左右两口温泉。一口泉水中的氟元素已达到有医疗价值的浓度及命名矿泉水的浓度,对人体骨骼健康具有良好的疗愈功能。另一口日出水量为 545t,泉水 pH 为 7.0,属中性水,富含十几种有益于人体的微量元素,为含偏硅酸、锂、锶的重碳酸硫酸钠钙型热矿泉水,可作为天

图4-3 贵州百里杜鹃国家森林公园森林康养基地彝山花谷温泉（摄影：李新贵）

然矿泉水饮用（图4-3）。

(3) 生物景观资源

①森林景观和植物资源 有白栎林、滇青冈林、杜鹃灌丛、杜仲林、多花蔷薇灌丛、枫香林、刚竹林、光皮桦林、华山松林、梨林、领春木林、柳杉林、鹿角杜鹃林、露珠杜鹃林、麻栎林、马尾松林、马缨杜鹃林、茅栗林、山鸡椒林、杉木林、十齿花林、栓皮栎林、响叶杨林、盐肤木林、化香树林、云贵鹅耳枥林、长蕊杜鹃林、白茅草丛、蕨草丛、弃耕草丛等森林景观。除杜鹃花外，常见植物有高山栎、毛栗、云南樟、枫杨、灯台树、四照花、槭树、木荷、冬青、蜡瓣花、枫香、棣棠花、金丝桃、胡颓子、十大功劳、花椒、五味子、油茶、卫矛。国家一级保护野生植物有光叶珙桐、红豆杉，国家二级保护野生植物有连香树、香果树、樟树、厚朴、喜树。

②百里杜鹃景观 以马缨杜鹃和露珠杜鹃为主的大面积杜鹃群落形成特色景观，名扬中外（图4-4）。

③古树名木 以千年巨桑、杜鹃花王、御赐银杏、桂花王、千年紫薇王最具代表性。千年巨桑位于天桥小箐沟，树高35m，胸径245cm，枝繁叶茂，冠幅200m²。该树两虬根合抱一块巨石，形成奇特的树石同生景观。杜鹃花王位于仁和乡杜鹃村，树龄260多年，胸径70.7cm，冠幅68m²，开花上万朵。御赐银杏位于大水乡，树龄600多年，独木成林，根深叶茂，年产银杏逾300kg。桂花王位于天桥小箐沟，树龄百年，与千年巨桑相隔逾200m，胸径54cm，树高12m，冠幅30m²。每到秋天开花时，树上挂满白色、黄色小花，香气浓郁，弥漫逾千米。千年紫薇王位于普底乡庆丰村，树龄已上千年，树高21m，树围2.5m，东西冠幅15m，南北冠幅18m，树根蔓延方圆310m，享有"贵州第一大树""孪生紫薇王"的美称。

④动物资源 根据百里杜鹃林区科学考察，百里杜鹃片区现有鸟类55科218种，主要有白鹭（图4-5）、金腰燕、黄臀鹎、树麻雀、金翅鸟、山树莺、大山雀、绿背山雀、鹌鹑、灰胸竹鸡、雉鸡、白腹锦鸡、白冠长尾雉及红腹锦鸡等，其中白腹锦鸡、白冠长尾雉和红腹锦鸡为国家二级保护野生动物；两栖动物2目7科16种，其中包括国家二级保护

图4-4 贵州百里杜鹃国家森林公园森林康养基地杜鹃群落（基地供图）

图4-5 贵州百里杜鹃国家森林公园森林康养基地白鹭群（基地供图）

野生动物细痣疣螈、贵州疣螈，区系分析以西南区占优势；爬行动物2目6科13种，区系分析以西南区占优势；共收录兽类34种，珍稀兽类有小灵猫、穿山甲、豹猫，其他兽类有灰尾兔、竹鼠、松鼠、猎獾、鼬獾等。

⑤食药资源

绿色农产品 基地范围内绿色农产品以食用菌为主，有冬荪、香菇、平菇、金针菇、木耳、猴头菇、鸡㙡菌、蟹味菇、羊肚菌、灵芝和蜜环菌等。此外，有少量中蜂养殖。

彝族特色饮食 彝族百姓善于烹制"砣砣肉"（将牛、羊、猪或鸡肉砍成砣状，水煮后捞出，拌辣椒、花椒、盐、蒜、木姜子等佐料即可食用）。彝族的特色肉食还有彝族香肠、烧肉、山泉辣子鸡、元根酸菜汤等。"咂酒"酿造历史悠久，制作工艺奇特，味道纯正、独特，饮法别具风格。

中药材 据统计，基地内共有药用植物447种（含变种），其中种子植物340种，蕨类植物107种。天麻、当归、金银花、白芷、金花葵、金钱松、何首乌、前胡、滇重楼、玉竹等中药材种植面积较大（883.6hm²）、产量较高。

(4) 天象景观资源

百里杜鹃片区地处高原，日出、夕照、云雾、雨雪、星月等天象景观均有一定的观赏价值。

(5) 人文景观资源

①民俗文化 百里杜鹃片区为多民族杂居地区，区域内有彝族、苗族、布依族、白族、蒙古族、满族等少数民族，各民族保留有较浓厚的民族特色，有自己独特的民族文化与风土人情，尤其以彝族和苗族较为突出。

彝族 彝文由象形符号发展而成，古称"韪书"，是我国历史文化的宝贵财富。男子穿青蓝色长衣，大裤脚，系腰带，包头帕。女子穿长袍、长裤和围裙，系腰带，拴围腰。长袍领口、袖口、襟边、下摆和裤脚边镶嵌绣花纹组合图案。房屋多为土木结构，一楼一底，人住楼下，楼上存放粮食和物品，屋顶覆盖青瓦，简洁古朴。彝族歌谣有叙事歌、婚嫁歌、山歌、情歌、酒礼歌等。山歌可以随编随唱，触景生情；彝族舞蹈有酒礼舞、跳脚舞（又称铃铛舞）等。彝族传统节日主要有火把节、插花节、彝年等。民间的工艺美术主要有纺织、刺绣、漆器、雕刻、漆工技艺等（图4-6）。

图4-6 贵州百里杜鹃国家森林公园森林康养基地彝族石牛雕塑（摄影：李新贵）

苗族　服饰以女装式样最多，其共同特点是盘发插簪，穿绣花衣，着百褶裙，戴银首饰。民居多依山而筑，多为三开间平房或圈楼，采用石墙或木架棚墙，屋顶常为草顶，外形简朴，具有浓郁的乡野气息。民间音乐有民歌曲调、芦笙曲调、唢呐曲调和箫琴曲调。最具有代表性的舞蹈有高架芦笙舞、打鼓舞、芦笙拳舞、打鼓拳舞。传统节日主要有跳花节、逛花坡、过苗年。苗族刺绣技巧娴熟，色彩艳丽，具有独特的民族风格。苗族的蜡染历史悠久，制作考究，其成品多作服饰。

②历史古迹

观音庙遗址　位于观音洞，据传修建于明朝末年，原庙房为全木建筑，供奉观世音菩萨，可惜均已被毁。观音洞岩壁有石刻"大坑洞"3个字，另有"杜鹃性志野，遍及此蛮山"的诗句。

黄家祠堂　一处位于沙江寨，为砖木结构，屋后有两株高大且枝繁叶茂的古刺楸；另一处位于普底街后，为砖瓦建筑。

③红色文化

黄家坝阻击战纪念碑　黄家坝阻击战发生于百里杜鹃景区内普底乡黄家坝。1981年大方县人民政府公布黄家坝阻击战遗址为县级文物保护单位，为缅怀革命先烈，1985年在该地百里杜鹃丛中竖立黄家坝阻击战纪念碑以作纪念。

戛木战斗烈士纪念碑　1950年，解放军某连在戛木地区开展征粮剿匪工作，与数量多出自身几十倍的匪众展开搏斗，掩护征粮队转移，最终因寡不敌众，壮烈牺牲。1957年，为缅怀烈士，大方县人民政府建立戛木战斗烈士纪念碑以作纪念。

4.5.1.2　森林风景资源评价分值

按照《中国森林公园风景资源质量等级评定》（GB/T 18005—1999），对基地地文景观资源、水文景观资源、生物景观资源、人文景观资源、天象景观资源5类森林风景资源及资源组合度和特色进行景点评价和综合评定，得分为23.6分（表4-6、表4-7）。

表4-6　贵州百里杜鹃国家森林公园森林康养基地景点评价

序号	景点名称	资源价值(70)					环境水平(20)			旅游条件(5)				规模范围(5)				总计	级别
		欣赏价值	科学价值	历史价值	保健价值	游憩价值	生态特征	环境质量	设施状况	监护管理	交通通信	食宿接待	客源市场	运营管理	面积	体量	空间	容量		
		25	10	10	5	20	5	5	5	5	1.5	1.5	1	1	1.5	1.5	1	1		
1	数花峰	21	8	6	3	17	5	5	4	3	1	1	0.5	0.5	1	1	1	1	79	Ⅰ
2	漫步云台	21	7	6	3	17	5	4	4	3	1	1	0.5	0.5	1	1	0.5	0.5	77	Ⅰ
3	十里花廊	21	7	5	4	18	5	5	4	3	1	1	0.5	0.5	1	1	0.5	0.5	77	Ⅰ
4	醉九牛	21	8	5	4	17	5	4	4	3	1	1	0.5	0.5	1	1.5	0.5	0.5	78.5	Ⅰ

(续)

序号	景点名称	资源价值(70)					环境水平(20)				旅游条件(5)				规模范围(5)				总计	级别
		欣赏价值	科学价值	历史价值	保健价值	游憩价值	生态特征	环境质量	设施状况	监护管理	交通通信	食宿接待	客源市场	运营管理	面积	体量	空间	容量		
		25	10	10	5	20	5	5	5	5	1.5	1.5	1	1	1.5	1.5	1	1		
5	黄家坝阻击战纪念碑	18	6	8.5	3	17	3	4	2	3	1	1	0.5	0.5	1	0.5	0.5	0.5	71	Ⅰ
6	黄家祠堂	16	6	5	4	15	3	3	2	3	1	1	0.5	0.5	1	1	0.5	0.5	63	Ⅱ
7	沙江祠堂	16	6	5	4	15	3	3	2	3	1	1	0.5	0.5	1	1	0.5	0.5	63	Ⅱ
8	沙江刺楸	16	6	5	4	15	3	3	2	3	1	1	0.5	0.5	1	1	0.5	0.5	63	Ⅱ
9	白岩峰	15	5	5	4	15	3	4	3	3	1	1	0.5	0.5	1	1	0.5	0.5	62.5	Ⅱ
10	红岩峰	15	5	5	4	15	3	4	3	3	1	1	0.5	0.5	1	1	0.5	0.5	62.5	Ⅱ
11	大草原	15	6	5	4	15	3	3	2	3	1	1	0.5	0.5	1	1	1	1	63	Ⅱ
12	百花坪	21	8	6	3	17	5	5	4	3	1	1	0.5	0.5	1	1	1	1	79	Ⅰ
13	锦鸡箐	21	7	6	3	17	5	5	3	3	1	1	0.5	0.5	1	1	0.5	0.5	77	Ⅰ
14	画眉岭	21	7	6	3	17	5	5	3	3	1	1	0.5	0.5	1	1	0.5	0.5	77	Ⅰ
15	观音洞	17	6	5	4	15	4	4	3	3	1	1	0.5	0.5	1	1	0.5	0.5	67	Ⅱ
16	高家岩	17	6	5	4	15	4	4	3	3	1	1	0.5	0.5	1	1	0.5	0.5	67	Ⅱ
17	五指峰	15	5	5	4	15	3	3	2	3	1	1	0.5	0.5	1	1	0.5	0.5	61	Ⅱ
18	对嘴岩	19	7	6	3	15	5	5	4	3	1	1	0.5	0.5	1	1	0.5	0.5	73	Ⅰ
19	御赐银杏	17	9	9	5	15	5	5	3	3	1	1	0.5	0.5	1	1	1	1	78	Ⅰ
20	月亮箐	17	7	7	4	15	5	5	3	3	1	1	1	1	1	1	1	1	73	Ⅰ
21	花底岩峡谷	18	9	9	3	15	5	5	3	3	1	1	0.5	0.5	1	1	1	1	77	Ⅰ
22	千年巨桑	18	9	9	3	15	5	5	3	3	1	1	0.5	0.5	1	1	1	1	77	Ⅰ
23	桂花王	17	8	7	5	15	5	5	3	3	1	1	0.5	0.5	1	1	1	1	75	Ⅰ
24	大白杜鹃群	19	7	7	4	15	5	5	3	3	1	1	0.5	0.5	1	1	1	1	75	Ⅰ
25	草坡	15	5	5	4	15	3	3	2	3	1	1	0.5	0.5	1	1	0.5	0.5	61	Ⅱ
26	黑底洞	15	5	5	4	15	3	3	2	3	1	1	0.5	0.5	1	1	0.5	1	62	Ⅱ

表 4-7 贵州百里杜鹃国家森林公园森林康养基地森林风景资源评价

风景资源类型	评价因子	标准评分值	实际评分值	得分 理想值	得分 评分值	权数(%)	资源基本质量 理想值	资源基本质量 加权值	资源质量评价值 理想值	资源质量评价值 加权值
地文景观资源(X_1)	典型度	5	5	20	20	20(F_1)				
	自然度	5	5							
	吸引度	4	4							
	多样度	3	3							
	科学度	3	3							
水文景观资源(X_2)	典型度	5	3	20	14	20(F_2)				
	自然度	5	5							
	吸引度	4	2							
	多样度	3	2							
	科学度	3	2							
生物景观资源(X_3)	地带度	10	8	40	31	40(F_3)	24(B)	21.3	30(M)	23.6
	珍稀度	10	9							
	多样度	8	6							
	吸引度	6	5							
	科学度	6	3							
人文景观资源(X_4)	珍稀度	4	4	15	15	15(F_4)				
	典型度	4	4							
	多样度	3	3							
	吸引度	2	2							
	科学度	2	2							
天象景观资源(X_5)	多样度	1	1	5	5	5(F_5)				
	珍稀度	1	1							
	典型度	1	1							
	吸引度	1	1							
	利用度	1	1							
资源组合(Z)	组合度	1.5	0.8							
特色附加分(T)		2	1.5							

4.5.2 生态环境质量评价

根据《贵州省森林康养基地规划技术规程》(DB52/T 1197—2017)中的森林康养基地生态环境质量评价表和调查资料及数据,计算基地生态环境得分(43.0分)。

贵州百里杜鹃国家森林公园森林康养基地属亚热带温凉季风气候区,年平均气温10.8℃,冬无严寒,夏无酷暑,杜鹃花花期气候温暖,盛夏则凉爽宜人,有适宜的旅游气候条件。

(1)大气环境质量

基地远离黔西和大方县城,周围方圆数十千米内没有任何工业污染,大气中的总悬浮微粒、飘尘、二氧化硫、氮氧化物、一氧化碳、光化学氧化剂浓度均达到《环境空气质量标准》(GB 3095—2012)中的一级标准。

(2) 水环境质量

基地内主要水源为泥河水源与米底河水源,为同脉水系,四季清澈透明,水质甘甜可口。经百里杜鹃环保局监测,水质达到《地面水环境质量标准》(GB 3838—2002)中的Ⅰ类标准,并符合《生活饮用水卫生标准》(GB 5749—2022)规定的饮用水卫生标准。

(3) 土壤环境质量

根据黔西市和大方县土壤调查资料,基地内土壤不含汞、铅等有害元素,也没有残留农药等有害化学成分。土壤发育好,土层厚,呈酸性。土壤环境质量符合国家土壤环境一级标准。

(4) 空气负离子浓度及细菌含量

基地内森林茂密,森林小气候特征明显,林内空气洁净,含尘、含菌量少。经测算,空气负离子浓度为 $1.2 \times 10^4 \sim 1.6 \times 10^4$ 个$/cm^3$,空气中的细菌含量在 1000CFU$/m^3$ 以下。

根据空气质量、地表水质量、土壤质量、空气负离子浓度、人体舒适度指数、空气细菌含量、声环境质量等的调查数据,结合标准进行评价,基地生态环境质量得分为 27.0 分(表 4-8)。

表 4-8 贵州百里杜鹃国家森林公园森林康养基地生态环境质量评价

评价因子	评价依据	赋值	得分
空气质量	达到《环境空气质量标准》(GB 3095—2012)一级标准	5	5
	达到《环境空气质量标准》(GB 3095—2012)一级标准二级标准,且康养区达到一级标准	3	
地表水质量	达到《地表水环境质量标准》(GB 3838—2002)Ⅰ类标准	5	5
	达到《地表水环境质量标准》(GB 3838—2002)Ⅱ类标准	3	
土壤质量	达到《土壤环境质量 农用地土壤污染风险管控标准》(GB 15618—2018)一级标准	5	5
	达到《土壤环境质量 农用地土壤污染风险管控标准》(GB 15618—2018)二级标准	3	
空气负离子浓度	平均浓度 1200 个$/cm^3$ 以上,康养区达到 50 000 个$/cm^3$ 以上	5	3
	平均浓度 1200 个$/cm^3$ 以上,康养区达到 5000 个$/cm^3$ 以上	3	
	平均浓度 1200 个$/cm^3$ 以上,康养区达到 2000 个$/cm^3$ 以上	2	
人体舒服度指数	一年中人体舒适度指数为 0 级(最舒适)的天数在 250d 以上	5	2
	一年中人体舒适度指数为 0 级(最舒适)的天数在 200d 以上	3	
	一年中人体舒适度指数为 0 级(最舒适)的天数在 150d 以上	2	

(续)

评价因子	评价依据	赋值	得分
空气细菌含量	300CFU/m³ 以下	3	3
	400CFU/m³ 以下	2	
	500CFU/m³ 以下,且康养区达到300CFU/m³ 以下	1	
声环境质量	达到《声环境质量标准》(GB 3096—2008)的 0 类标准	4	4
	达到《声环境质量标准》(GB 3096—2008)的 I 类标准,且康养区达到 0 类标准	2	
合计			27

注：需提供监测单位出具的佐证材料（如现场抽样检测报告或当地环境保护行政主管部门出具的检测证明），否则不得分。

4.5.3 开发利用条件评价

根据《贵州省森林康养基地规划技术规程》(DB52/T 1197—2017)中的森林康养基地开发利用条件评价表和调查资料及数据，计算基地开发利用条件得分(20.0分)(表4-9)。

表4-9　贵州百里杜鹃国家森林公园森林康养基地开发利用条件评价

评价因子	评价依据	赋值	得分
区位条件	距离交通枢纽和干线0.5~1h 车程	5	5
	距离交通枢纽和干线1~2h 车程	3	
外部交通	与高速公路、国道或省级道路相连，有交通车辆随时可达；或水路较方便，在当地交通中占有重要地位	5	5
	与省级道路或县级道路相连，交通车辆较多；或水路较方便，有客运	3	
内部交通	区内有多种交通方式可供选择，具备游览的通达性	5	5
	区内交通方式较为单一	3	
设施条件	有自有水源或各区通自来水，有充足变压电供应，有较为完善的内外通信条件，康养服务设施较好	5	5
	通水、电，有通信和接待能力，但各类基础设施条件一般	3	
总分			20

4.5.4 评价分级

根据《贵州省森林康养基地规划技术规程》(DB52/T 1197—2017)和基地生态环境质量、森林风景资源、开发利用条件3项评价分值，基地评价分级为一级(表4-10)。

表 4-10 贵州百里杜鹃国家森林公园森林康养基地评价分级

级 别	分值范围		得 分	适用范围
一级	生态环境质量评价分值	41~50	43	森林医院、高水平疗养区、养老区、健身疗养中心、森林保健中心、森林浴场
	森林风景资源评价分值	>15	23.6	
	开发利用条件评价分值	>10	20	

综上，贵州百里杜鹃国家森林公园森林康养基地主题突出、设施齐备、制度完善，评价分级为一级，达到贵州省省级森林康养基地的要求，适于森林医院、高水平疗养区、养老区、健身疗养中心、森林保健中心、森林浴场等建设。

实践教学

实践 4-1　森林康养基地资源质量评价

1. 实践目的

掌握资源质量评价方法，能够开展森林康养基地开发利用条件评价；培养分工合作、共同完成任务的能力。

2. 材料及用具

实践 1-1、实践 1-2、实践 3-1 的调查资料，调查记录本(簿)，评价表格；水性笔。

3. 方法及步骤

(1) 以小组为单位，整理实践 1-1、实践 1-2、实践 3-1 的调查资料，进行补充调查。

(2) 小组成员分工，依据标准进行森林康养基地开发利用条件评价，完成《森林康养基地开发利用条件评价表》。

(3) 整理调查内容，统计、分析后撰写森林康养基地资源质量评价报告。

4. 考核评估

根据完成过程和完成质量进行考核评价。

5. 作业

每人提交《森林康养基地开发利用条件评价表》一份，以小组为单位提交森林康养基地资源质量评价报告一份。

知识拓展

《森林康养基地质量评定》(LY/T 2934—2018)

单元 5 森林康养基地规划与布局

【学习目标】

知识目标

(1) 了解森林康养基地规划目的与原则。
(2) 了解影响森林康养基地布局的要素。
(3) 掌握森林康养基地的布局特征。

技能目标

能够应用规划原则进行森林康养基地功能区初步规划。

素质目标

树立整体意识与团队合作精神。

森林康养基地的规划与布局对于发挥森林康养资源的作用，打造康养产品，促进森林康养产业发展有着重要意义。森林康养基地应提升"自我造血"功能与资源开发利用水平，提供森林生态服务，以"森林康养+"的模式构建成熟、多元商业化、关联业态融合的产业综合体。

5.1 森林康养基地规划目的

森林康养产业具有良好而广阔的前景与市场，一个好的规划能够有效推动森林康养基地建设与发展。森林康养基地规划目的体现在以下几个方面：

①充分分析与评价基地的康养资源禀赋，确定基地的建设规模，明确基地的发展方

向，实现基地建设的经济和社会发展目标。

②合理利用基地的康养资源，确定基地的特点与特色，协调基地的空间布局和具体建设要求。

③确定基地的发展目标(分近期、中期和远期目标)和主题定位，核算各阶段建设内容和投资成本，指导基地逐步完善设施和开发康养产品。

5.2 森林康养基地规划原则与任务

5.2.1 森林康养基地规划原则

森林康养基地规划应充分体现"严格保护，科学规划，统筹协调"的发展方针，遵循生态优先、因地制宜、科学建设、创新引领、以人为本等原则。

(1) 坚持生态优先，绿色发展

必须牢固树立和践行"绿水青山就是金山银山"理念，站在人与自然和谐共生的高度谋划发展。基地规划要符合"三区三线"规定和林地保护利用规划等上位规划要求，强化林地用途和森林主导功能管制，在严格保护的前提下，统筹考虑森林生态环境承载能力和发展潜力，科学规划森林康养基地建设内容，实现生态得保护、康养得发展。

(2) 坚持因地制宜，突出特色

根据资源禀赋、地理区位、人文历史、区域经济水平等条件，因地制宜建设高水平的森林康养基地，为人们提供优良的森林康养场所，满足人民群众对美好生活的需求。

(3) 坚持科学建设，集约利用

充分利用和发挥现有建筑、防火道、自然步道功能，适当"填平补齐"，不搞大拆大建，不搞重复建设，不搞脱离实际需要的超标准建设，实现规模适度、物尽其用。

(4) 坚持创新引领，尊重市场

运用多学科、多领域的新成果，推动林业与医疗、养生、旅游、健康、体育、教育等产业融合。加快推进技术创新、产品创新、管理创新，建立健全相关制度规范，推动森林康养基地高质量发展。

(5) 坚持以人为本，聚焦民生

森林康养基地面向广大人民群众，在基地建设过程中，路线选择、功能设计、服务配套、安全保障、尺度把握等方面要处处体现"以人为本"的人文关怀，以康养体验者的体验为核心，进行人性化设计。

5.2.2 森林康养基地规划任务

森林康养基地规划任务包括：评价基地及周边的森林康养资源和客源市场；明确基地的发展定位、发展目标和空间布局；设置森林康养项目和相关设施设备；统筹安排基地森林康养服务、营销及支撑体系；配套构建基地生态环境质量监测和森林、草原、湿地保护体系；估算规划期基地建设的投入、产出及综合效益。

5.3 森林康养基地规划要素

森林康养是以优质的森林生态环境资源为依托，融入旅游、休闲、医疗、运动、养生、养老、认知、体验等健康服务新理念，实现多元组合、产业共融、业态共生。进行森林康养基地规划时，应当考虑构建一个完整的森林康养产品与服务体系，围绕森林康养产品与服务，发挥基地的康养资源禀赋和特色，打造特色化的森林康养基地和森林康养品牌。森林康养基地在规划和建设时应充分考虑以下要素：

①林　即优质森林生态系统，提供优良的环境和基础，以满足人们对旅游、康养、自然教育、养老等活动的需求。

②宿　即让人舒适的住宿条件，为康养体验者提供不同于一般酒店的体验与舒适感。

③餐　即为人们提供健康、安全、具有地方特色和基地特色的食品。

④行　即配备必要的道路和交通设施，提供多样化的绿色低碳的交通方式。

⑤健　即有必要的健身设施和健康指导，为康养体验者的森林体验提供服务。

⑥疗　即通过园艺疗法、芳香疗法、运动疗法、水疗法等康养活动与服务，提高身心健康水平。

⑦养　即为人们提供养身、养心、养神的体验。

⑧购　即为人们提供购买相关装备、食品和书籍等物品的空间与场所。

总之，森林康养基地规划不仅是硬件设施的规划，更需要从"森林康养+"的角度出发，考虑多业态的融合，为基地高质量发展和康养产品开发提供指导。

5.4 森林康养基地主题定位与发展目标

在森林康养基地现状调查与评价的基础上，确定森林康养基地主题定位与发展目标。

5.4.1 森林康养基地主题定位

要依据基地的资源禀赋、典型特征、区位关系、发展对策等因素综合确定森林康养基地康养主题，定位要凸显基地核心特色和主要功能。进行森林康养基地主题定位时应注意以下3个方面：一是对基地康养资源进行充分调查与分析，提炼出基地最具特色的资源；二是深入挖掘基地及周边的文化背景，将文化与康养资源、康养产品融合，增加康养体验者的文化认同；三是主题定位要注意避免与其他基地雷同或相似。

案例1：康养避暑养心地，山水合韵茶寿山

贵州茶寿山森林康养基地资源丰富，主要包括：银水河、湿地资源等水文景观资源；石林、溶洞、天坑等地文景观资源；茶寿山日出等天象景观资源；生态果园、桂花苗圃等生物景观资源；特色建筑、茶厂、水坝等人文景观资源（图5-1、图5-2）。

图 5-1　贵州茶寿山森林康养基地(基地供图)

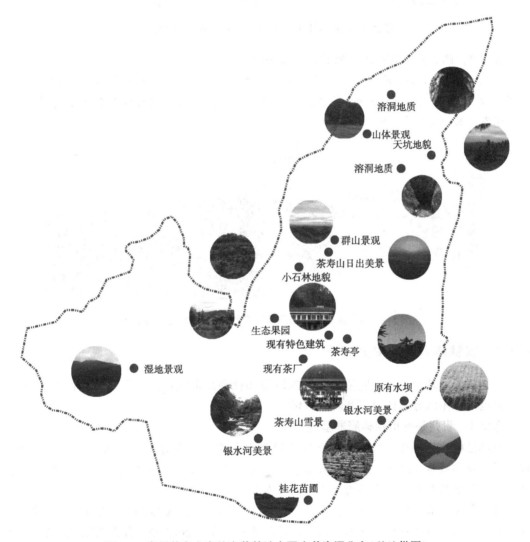

图 5-2　贵州茶寿山森林康养基地主要康养资源分布(基地供图)

案例2：森活玉屏，林动一生

四川洪雅玉屏山森林康养基地以"森活玉屏，林动一生"为主题，以独特的地理优势和优质的空气、宜人的环境，开展休闲、健身、养生、养老、疗养、认知、体验等活动（如森林浴、日光浴、中药浴、森林冥想、森林膳食、森林休眠、森林漫步、森林住宿、森林静坐等)(图5-3)。

图 5-3 四川洪雅玉屏山森林康养基地(基地供图)

案例3：黔山秀水贾托山，悠然自得康养地

贵州龙里贾托山醉蝶谷森林康养基地总面积 250.9 hm^2，基地内有较为丰富的湖泊、瀑布资源，植被丰富，植物种类繁多，人文底蕴浓郁，针对不同客源群体开展养生保健、自然教育、文化体验等活动(图5-4)。

图 5-4 贵州龙里贾托山醉蝶谷森林康养基地(基地供图)

5.4.2 森林康养基地发展目标

森林康养基地发展目标应依据基地的性质和社会需求制定，应具有可行性和前瞻性，并根据规划期限区分总体目标和阶段目标。

案例1：贵州茶寿山森林康养基地

总体目标：依托优质的森林资源与良好的生态环境，在自然景观基础上渗透人文景观，围绕森林疗养、康养、康复为目标，打造集禅茶养生、休闲度假、养老、自然教育、户外运动等多功能于一体的国内一流森林康养示范基地。

分期目标：基地分3期建设。其中，一期为2020年1月至2021年12月，共2年，建设目标为通过贵州省森林康养基地试点建设验收；二期为2022年1月至2023年12月，共2年，建设目标为通过国家森林康养基地试点建设验收；三期为2024年1月至2024年12月，共1年，建设目标为建成国家4A级旅游景区(图5-5)。

案例2：国内知名森林康养产业示范基地

总体目标：以生态康养度假为核心，中医疗养、精品度假、养生避暑、森林体验、自

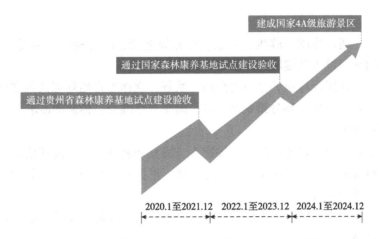

图 5-5 贵州茶寿山森林康养基地发展目标（基地供图）

然教育、山地运动、文化体验整体联动打造绿色、生态、多元化的森林康养产业示范基地，成为服务贵州中部的国内知名森林康养目的地。

分期目标：基地分两期进行建设。其中，一期（2019—2022年）完成康养林建设、环境监测、基础设施和服务设施建设，通过省级森林康养基地建设评定验收；二期（2023—2025年）进一步完善森林康养服务体系建设，建立覆盖全基地的康养服务网络，建成国内知名的森林康养目的地。

5.5 森林康养基地功能区划与布局

功能区划与布局应有利于保持基地生态功能和景观资源的完整性、稳定性，突出森林康养特点和生态服务功能，妥善处理开发利用与保护之间、游览与生产和服务及生活等诸多方面之间的关系；有利于各功能区既相互呼应，又突出各自特点，使各功能区之间能相互配合、协调发展，构成一个有机整体；有利于现有村落、民居的保护和利用，突出民俗特色；有利于充分利用房屋、道路等现有设施，避免重复建设和资源浪费，实现低碳、循环、绿色发展。

5.5.1 森林康养基地功能分区

《森林康养基地总体规划导则》（LY/T 2935—2018）将森林康养基地分为森林康养区、体验教育区、综合服务区3个区域。不同省份的森林康养基地功能划不尽相同。以《贵州省森林康养基地规划技术规程》（DB52/T 1197—2017）为例，将基地划分为康养区、游憩区、接待区3个区域。

(1) 康养区（森林康养区）

康养区是指拥有优越的生态环境和森林风景资源，方便开展森林康养活动的区域。森林康养基地应规划一定规模的康养区。康养区应结合现代医学和中医等传统医学，配置一定医疗条件，合理规划康复、疗养、养老、露营等设施。

康养区应充分体现基地的特色，根据基地的资源禀赋，可以分为养生康复区、健身运动区等不同子区。

养生康复区 通过休闲、养生、养老、疗养等途径，结合检查、诊断、康复等手段，建立以预防疾病和促进大众健康为目的的区域。

健身运动区 利用森林康养基地的高山、峡谷、森林等自然环境及景观资源，建设森林康养步道、生态露营地、健身拓展基地等，满足自然健身、体验的需求。

(2) 游憩区(体验教育区)

游憩区是指森林康养资源良好、气候宜人、适宜开展森林康养游憩活动的区域，是森林康养基地的预留区域。游憩区由康养道路串联，根据基地功能特色规划休闲游憩区、科普教育区、体育活动区等。

休闲游憩区 为康养体验者提供游览观光服务，在不降低环境质量的前提下，设置服务设施与游憩设施。

科普教育区 针对青少年设立自然教育中心、森林木道、健康养生课堂等科普教育设施。

体育活动区 为满足康养体验者运动健身、康复锻炼的需求，设置体育竞技、运动健身等设施。

(3) 接待区(综合服务区)

接待区是满足森林康养基地管理和接待服务需要的区域。接待区应在生态环境低敏感区设置，规划管理、服务接待、停车、食宿、购物等方面的设施。配套必要的供水、供电、供暖、通信、环卫等设施区域，以及必要的职工生活区域。

5.5.2 森林康养基地空间布局

森林康养基地建设要充分体现"人与自然和谐相处"，尊重自然、保护自然，以人为本，满足康养、休闲、生态旅游等需求。

(1) 根据城市的生态定位，确定基地实现生态功能的主体区域

在进行空间布局时，要考虑基地在城市规划中的地理位置，对基地的生态敏感区进行认真分析，确定实现生态功能的主体区域。建设时，则需要完善和强化基地原有的环境结构和生态系统，建立具有地域特征、本土特色的高品质的森林康养环境和形象，推动区域环境质量、景观质量提升，拓宽康养旅游市场。

(2) 根据森林康养资源空间分布，合理布局

在充分调查和掌握基地森林康养资源禀赋的基础上，深入分析资源特点和空间分布，科学合理地开发利用康养资源，推出特色康养产品，完善配套康养设施。观光、休闲、康养、养生、住宿、餐饮等功能单元要相对集中布局，用快捷、方便的道路系统连接，形成一个旅游服务功能齐全、体验良好的服务综合体。

(3) 保护生态环境，留足未来空间

在进行基地规划和布局时不能一味追求"高大上"的建设与设施，要充分与当地乡村、田园、森林、湿地等环境结合，防止基地建设破坏生态环境。同时，要考虑未来发展变化，预留一定的空间，保证基地发展后劲充足。

5.5.3 相关案例

在森林康养基地实际建设中，由于资源特点和特色、地形地貌、生态环境等因素不同，各个基地功能分区有所变化和调整，以便更适宜开展森林康养活动。

案例1：四川洪雅玉屏山森林康养基地功能分区与布局

四川洪雅玉屏山森林康养基地考虑到环境保护，在森林康养区、体验教育区、综合服务区的基础上，增加了生态保育区，即共划分为4个功能区（图5-6）。

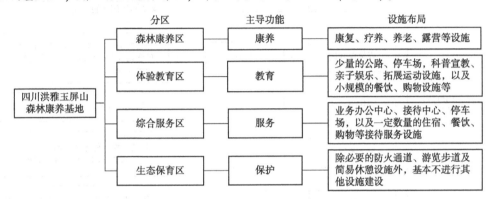

图5-6　四川洪雅玉屏山森林康养基地功能分区

案例2：贵州茶寿山森林康养基地功能分区与布局

贵州茶寿山森林康养基地总体规划是"一核、五区、多节点"。"一核"是指森林康养基地发展核心，即位于管理服务区的苏贵茶业旅游发展有限公司；"五区"是指五大功能分区，即综合服务区、森林康养区、游憩区、禅茶康养区、体验教育区；"多节点"是指多个森林康养项目节点（图5-7）。

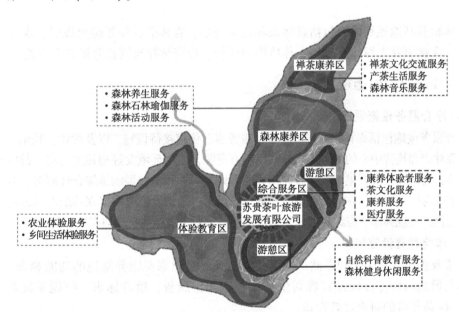

图5-7　贵州茶寿山森林康养基地功能分区（基地供图）

案例 3：贵州龙里贾托山醉蝶谷森林康养基地功能分区与布局

贵州龙里贾托山醉蝶谷森林康养基地在划分为森林康养区、服务接待区、森林保育区的基础上，考虑基地内的自然村寨和田园风光，将体验教育区命名为田园游憩区，并为将来发展划出了预留发展区（图5-8）。

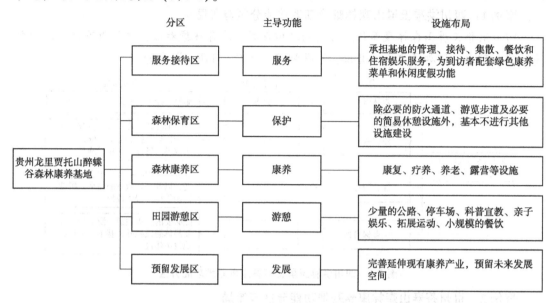

图5-8　贵州龙里贾托山醉蝶谷森林康养基地功能分区

5.6　森林康养基地规划内容

森林康养基地规划内容包括森林康养设施规划、森林康养服务能力规划、森林康养产品规划、森林康养支撑体系规划、环境影响评价、投资估算与效益分析6个方面。

5.6.1　森林康养设施规划

(1) 综合服务设施规划

综合服务设施包括森林康养接待中心、服务点、住宿接待设施，以及餐饮、娱乐、购物设施等。森林康养接待中心的配置应充分利用现有资源，使用环境友好型建筑材料，鼓励使用装配式建筑，为康养人群提供与森林康养相关的咨询辅导、预约、展示等综合性服务。服务点应当提供接待与咨询服务。住宿接待设施和餐饮、娱乐、购物设施应根据森林康养基地的接待能力合理配置，实现共享。应综合考虑基地范围内各项服务设施的布局与安排（图5-9）。

(2) 体验教育设施规划

以普及森林康养知识和自然认知为主导方向，突出森林康养基地的功能和资源特点，根据不同形式的科普宣教方式规划生态小径、知识展板、康养标识、解说系统等（图5-10），并配备相应的科普宣教设备。

A. 接待中心与科普教育馆

B. 产品销售与餐饮服务设施

图 5-9　森林康养基地综合服务设施（摄影：彭丽芬）

A. 亲水活动平台与临水活动平台

B. 露营场地与树冠廊桥

图 5-10　森林康养基地体验教育设施（摄影：彭丽芬）

(3) 医疗应急设施规划

森林康养基地应建设能满足森林康养医疗需求的场所，为康养人群提供健康咨询服务。应具备救护条件，对伤病人员及时采取临时性应急救护措施。鼓励与当地卫生医疗部门积极协调配合，充分利用基地周边现有医疗机构的医疗资源。

(4) 配套基础设施规划

应规划基地管理用房、道路、停车场、标识牌及通信、供电、给排水、供热、燃气管线等基础设施（图5-11）。

A. 基地内道路与自动图书借还机

B. 道路照明与一键报警装置

图5-11 森林康养基地基础设施（摄影：彭丽芬）

5.6.2 森林康养服务能力规划

(1) 森林康养服务团队

森林康养产业和森林康养基地对人才的需求与产业的业态相适应，同样具有多元化和多样化的特征。

森林康养产业和基地急需基地规划建设、中医保健、饮食保健、拓展体验、康养保健（芳香疗法、园艺疗法、景观疗法、作业疗法、运动疗法、心理疗法等）、老年护理等方面的技术技能与服务型人才（表5-1）。90%的基地要求专业人才能较系统地认识森林康养，具有一定中医理论和森林康养医疗知识，掌握必要的森林康养技能，具有良好的职业素质；从学历要求来看，人才层次以大专以上为主，对中职人才有一定需求。

森林康养基地要注重打造多层次、多样化、一专多能的服务团队，相关技术技能型人才应当是复合型人才，其中森林园林康养师是森林康养服务团队的核心。康养服务团队规划应明确专业森林康养服务人员的类型和数量、专业标准和行为规范，从而推进服务团队工作制度化、规范化、程序化，保证组织协调、有序、高效运行。

表 5-1 贵州省森林康养产业技术技能类岗位类型

类别	岗位名称	学历要求	简要描述
技术类	森林康养基地规划人员	大专以上	熟悉森林康养基地规划理论，能够进行森林康养基地规划设计
	森林康养基地维护人员	中专以上	能够进行森林康养基地养护与维护
	森林园林康养师	中专以上	熟悉康养活动过程，掌握各类疗法技巧，能够进行康养活动的设计、实施和评估，能够进行森林康养基地建设指导与评价
	健康管理师	大专以上	从事个体和群体营养和心理两个方面健康的检测、分析、评估及健康咨询、指导和危险因素干预等工作
	医生	本科以上	取得医师资格证书，能够提供常见病与多发病诊疗和转诊、预防保健、病人康复和慢性疾病管理等一体化服务
技能型	森林康养解说员	中专以上	向康养体验者介绍森林康养的相关知识和功效，介绍森林康养基地情况和康养产品功效
	护士	中专以上	取得护士资格证书，能够按照法律法规和护理规范，从事与医疗有关的全项临床操作、护理活动
	保健按摩师	中专以上	掌握人体解剖学知识，掌握按摩技术，能开展保健按摩活动
	园艺疗法师	中专以上	懂得园艺实务技巧，能够根据康养体验者能力和需要设计、安排合适的园艺活动或其他与植物有关的活动，并评估功效、反思、完成档案管理
	运动疗法师	中专以上	掌握太极、八段锦等功法要点，能够进行森林康养运动的设计、实施与评估工作，完成档案管理
	芳香疗法师	中专以上	掌握植物精油对人体的影响及精油使用技巧，能够进行芳香疗法的设计、实施、评估与管理
	营地主任	中专以上	能够带领康养体验者组成团队，开展团队活动，管理和运营营地，开发营地资源
	自然体验指导师	中专以上	能够以大自然、森林为课堂，针对需要人群设计自然体验课程，引导、实施、评估自然教育
	茶艺师	中专以上	掌握茶叶专业知识及茶艺表演技巧，能够提供茶艺服务，有一定管理技能

(续)

类别	岗位名称	学历要求	简要描述
服务类	老年照护员	中专以上	取得老年照护员职业资格证书，能够承担老年人照护工作
	健康照护员	中专以上	取得相关职业证书，能够运用基本医学护理知识与技能，在基地为照护对象提供健康照护及生活照料服务

> **👉 小贴士**
>
> **森林园林康养师**
>
> 　　2022年版的《中华人民共和国职业分类大典》将职业分为8个大类、79个中类、449个小类、1636个细类（职业）。第四大类社会生产和生活服务人员中，下设健康、体育和休闲服务人员3个中类，其中包括从事健康咨询、医疗临床、康复矫正、公共卫生、体育健身、康养休闲等辅助服务工作的人员，新增职业森林园林康养师。
>
> 　　森林园林康养师指从事森林或园林康养方案设计、环境评估和场所选择、康养服务、效果评估、咨询指导的服务人员，又分为森林康养师和园林康养师。主要工作任务为：运用森林或园林康养、林学、风景园林等理论、技术和方法，评估康养环境、选择康养场所；规划设计并指导营建康养基地、康养浴场、康养园林、康养步道等康养设施；使用健康监测设备、健康评定量表等手段，采集、分析、评估康养体验者健康状况和健康需求信息，制订康养计划和方案；运用康养技术和自然养生疗法，组织和指导康养体验者开展康养活动；评估康养效果并调整康养方案；提供森林或园林康养咨询服务。

　　以贵州茶寿山森林康养基地为例，将森林康养服务团队划分为康养体验者服务、疗养服务、医疗服务、住宿服务、安保服务、教学服务、信息中心7个部分，逐一提出建设规划和要求，以满足基地建设和发展需求。其中，康养体验者服务团队配备70人，疗养服务团队配备30人，医疗服务团队配备12人，住宿服务团队配备30人，安保服务团队配备80人，教学服务团队配备30人，信息中心团队配备6人（图5-12）。

(2) 森林康养培训、推广体系

　　定期对相关康养服务人员进行技术培训和知识更新。依据森林康养基地自身条件与运营需求，选择自行推广或委托推广的方式，并建立相应的运营推广制度。

(3) 森林康养社会服务体系

　　通过与社会机构合作和招募志愿者等手段，补充和提升森林康养基地的服务和接待能力，丰富森林康养服务的内容和形式。

5.6.3　森林康养产品规划

　　详见单元7。

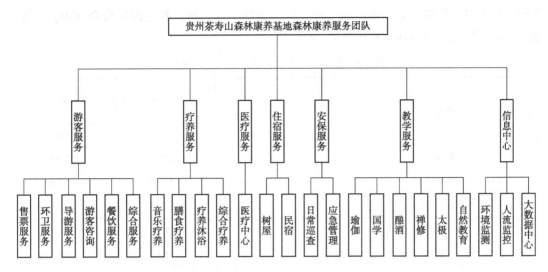

图5-12 贵州茶寿山森林康养基地森林康养服务团队(基地供图)

5.6.4 森林康养支撑体系规划

5.6.4.1 森林康养资源监测

森林康养基地应当建立系统的森林康养资源监测体系,对基地的空气、水质、土壤、噪声、生物多样性、森林、湿地等资源要素进行监测。应根据各项环境指标,确定监测基础设施设备的建设位置、规模等。

5.6.4.2 自然生态系统保护

森林康养基地的主要保护对象包括环境资源、景观资源、水资源、野生动植物及其栖息地、文物古迹及自然遗迹等。森林康养基地应根据自身实际情况明确保护对象及保护工程实施的位置、规模、技术措施等内容。

5.6.4.3 防灾及应急管理

防灾及应急管理的内容包括火灾、有害生物、台风、暴雨、地质灾害等的防控。森林康养基地应针对可引起自然灾害的极端天气做好预警工作,提前制定突发事件应急预案。

5.6.4.4 区域协调规划

(1) 土地利用

土地利用规划内容包括基地土地利用现状分析、土地资源综合评价、土地利用规划等。土地利用现状分析应包括土地利用现状特征,现有土地权属,以及土地保护、利用和管理存在的问题分析。土地资源综合评价应对土地资源的用途、功能或价值进行评价。土地利用规划应突出土地利用的重点与特色,因地制宜地合理安排土地利用方式与结构。

以贵州茶寿山森林康养基地为例,基地总面积390.60hm^2,按照《土地利用现状分类标准》(GB/T 21010—2007)进行类型划分,林地320.03hm^2,水域4.60hm^2,耕地59.35hm^2,建设用地3.98hm^2。基地新景点的建设,原有景点的提质改造,以及公路、游步道、停车场、服务设施的拓展和完善，将会占用少量林地，林地面积将会减少，交通、管理、游览设施等用地面积相应增加(表5-2)。

表5-2 贵州茶寿山森林康养基地土地利用

序 号	土地类型	土地利用			
		现 状		规 划	
		面积(hm²)	比例(%)	面积(hm²)	比例(%)
1	林地	320.03	81.93	279.78	71.63
2	耕地	59.35	15.19	59.35	15.19
3	建设用地	3.98	1.02	3.98	1.02
4	现状道路	2.64	0.68	5.12	1.31
5	水域	4.60	1.18	4.60	1.18
6	园地	0	0	16.89	4.32
7	游览设施用地	0	0	5.92	1.52
8	风景游赏用地	0	0	14.96	3.83
	合计	390.60	100	390.60	100

(2)社区协调与共建共管

社区协调与共建共管规划内容应包括社区共建共管的组织形式、运作机制和重点内容。应改进社区经济结构与经济发展模式，支持社区发展和参与式保护的社区共管项目。

以贵州茶寿山森林康养基地社区协调发展为例。

社区规划目标：将基地所在的新岗村规划为凤冈县新型乡村振兴示范村、凤冈县新型森林康养示范村。

组织形式：成立新岗村森林康养合作社；开展新岗森林康养发展有限公司(苏贵控股)+合作社+农户的合作。

- 发展有机农牧产业，灵活采用本地资源，突出本地文化特色，鼓励社区构建"森林人家"特色品牌；强调生态农业与旅游业的融合，着力发展旅游农业，种植绿色蔬菜、山野菜和其他适合气候的瓜果，举办采摘节，提高"森林人家"生态游的吸引力。
- 与当地政府配合，全面开展基地周边行政村的新农村建设，全面改善村容村貌等环境，完善各项社会保障设施，深入开展基地周边的生态文明建设。
- 扶持周边社区提高农家乐接待水平，以高端、生态、无污染、高文化品位的设施和产品为商业定位，打造全生态、庄园化农家乐，培育为提供旅游服务的农业产业基地。
- 吸收周边社区居民参与旅游业相关的就业和发展，如餐饮、护林员、交通运输、导游服务、旅游商品生产和销售、娱乐休闲等。
- 加大对基地周边社区居民的培训，提高周边社区居民素质。把一些先进的生产经营管理理念、生产技术、技能传授给周边社区居民，以期改变落后的生产经营现状；对其进行一些旅游服务培训，引导第三产业做好、做大、做强。

- 在基地建设过程中要坚持本地居民优先参与、外来居民限制参与的原则。

(3) 社区参与方式

①听证机制　在制定重大并涉及周边社区居民直接相关利益的发展策略或做出决定之前，应组织居民代表进行听证。

②反馈机制　在政策执行时要组织周边社区居民座谈，听取居民对发展策略执行效果的评价。每两年结合居民意见对基地发展方向进行调整。

③参与机制　聘用周边社区居民参与基地保护，如从事保洁、护林、讲解和安保工作等，不但解决部分居民的就业问题，让居民的生存与基地的发展相依相存，而且使居民对基地的发展更富有责任感。

④指导机制　安排专职或专业人员指导周边社区的产业发展和生态环境保护。

(4) 区域产业联动

基地应建立与周边医疗、旅游、养老、中医药、教育、体育、运输等相关机构的联动机制，促使基地与相关机构相互补充，协调合作，共同发展。区域产业联动规划内容包括联动组织构架功能、联动的方式等。

以贵州省茶寿山森林康养基地为例，基地根据凤冈县产业发展现状，提出区域产业联动发展策略。

- 继续做大做强第三产业。以旅游业为龙头产业继续推动第三产业发展，继续发挥"茶旅""牛旅""文旅""花旅"结合的旅游发展策略，填补森林康养类项目的空白，将生态环境资源优势转化为康养产业发展驱动力，巩固第三产业作为凤冈县经济支柱的地位。

- 加强产业融合，拉动第一、二产业增长。在大力发展第三产业的基础上，以森林康养为核心，辐射带动凤冈县第一、二产业发展。

- 与遵义医学院、凤冈县当地医院联动，搭建医疗康养合作体系，借助专业医学院校、医疗机构提供高水平的医疗保障，为基地发展保驾护航。

- 与县级(凤冈县)和市级(遵义市)的旅行社、美食协会、高校协会、养生养老服务机构、车站、旅游公司等联动，在基地内设立相关网点，丰富基地的附加服务类型，提升基地的服务水平，助力基地发展。加大宣传力度，寻求招商引资合作关系。

- 与遵义师范学院、贵州大学、贵州省林业学校等院校成立苏贵森林康养研究院，为基地的人才培养体系研究、旅游管理水平提升、旅游环境优化、服务水平提高等提供学术科研支撑。

- 与绥阳镇茶产业、牛产业联动。借助绥阳镇茶产业、牛产业发展基础，发挥靠近原产地的优势，将相关产品纳入基地的产品体系内，与相关生产户达成合作关系，以森林康养带动绥阳镇茶产业、牛产业，同时以绥阳镇优质茶叶、牛产品推动森林康养发展，实现双赢。

- 与周边主要景区联动，形成区域旅游品牌优势。主要联合茶海之心、玛瑙山景区、龙潭河国家湿地公园，共享资源，形成凤冈县旅游大品牌，通过捆绑宣传扩大影响力，最终达到可持续发展。

5.6.5 环境影响评价

应当按照国家有关规定,编写森林康养基地总体规划实施的环境影响评价内容。具体包括森林康养基地环境现状、规划实施对环境可能产生影响的分析、预测和评估,以及避免、消除或减轻负面影响的对策措施。

5.6.6 投资估算与效益分析

(1)投资与构成

森林康养基地总体规划中,应对不同类别的工程分别进行投资估算,并根据建设分期安排建设资金。

(2)效益分析

①生态效益分析　包括保护或恢复森林和湿地生态系统、保护生物多样性、调节气候、净化空气、保护水质等方面的定性或定量分析与评价。

②社会效益分析　包括预防疾病、疾病辅助治疗及病后康复、提高人民健康水平方面的分析与评价;带动当地居民就业、形成良好生活方式及促进乡村振兴等方面的分析与评价;促进当地产业结构转型、带动经济发展、促进当地居民致富增收等方面的分析与评价。

③经济效益分析　进行经济效益的分析与评价。

5.7　森林康养基地总体规划编制提纲

《森林康养基地总体规划导则》(LY/T 2935—2018)规定了森林康养基地总体规划文本和附件要求,也可以根据所在省(自治区、直辖市)的要求选用相应的编制提纲。本书收录了《森林康养基地总体规划导则》(LY/T 2935—2018)中的编制提纲:

第一章　现状评价
　　第一节　基本情况(基地选址的自然环境条件、社会经济条件、土地利用现状)
　　第二节　建设条件(森林康养资源、基础设施)
　　第三节　建设条件评价(地理区位和社会经济条件评价、森林康养资源条件评价、基础设施条件评价、综合发展条件评价)

第二章　规划思路
　　第一节　指导思想
　　第二节　基本原则
　　第三节　规划依据
　　第四节　规划目标

第三章　功能分区与布局
　　第一节　功能分区
　　第二节　总体布局

第四章　森林康养产品类型与规划
　第一节　森林康养产品类型
　第二节　森林康养产品规划
第五章　森林康养设施规划
　第一节　综合服务设施
　第二节　体验教育设施
　第三节　医疗应急设施
　第四节　配套基础设施
第六章　森林康养能力规划
　第一节　森林康养服务团队
　第二节　森林康养培训体系
　第三节　社会服务体系
　第四节　运营推广规划
第七章　环境监测设施规划
　第一节　森林康养资源监测指标体系
　第二节　森林康养资源监测设施设备
第八章　保护规划
　第一节　森林康养基地生态环境保护
　第二节　森林康养基地景观资源保护
　第三节　野生动植物及其栖息地保护
　第四节　水资源保护
　第五节　文物古迹及自然遗迹保护
第九章　防灾及应急管理规划
　第一节　防灾管理
　第二节　应急管理
第十章　区域协调规划
　第一节　土地利用规划
　第二节　社区协调与共建共管
　第三节　区域产业联动
第十一章　环境影响评价
　第一节　生态环境质量现状
　第二节　工程建设对生态环境质量的影响
　第三节　生态环境保护对策
第十二章　投资估算与效益分析
　第一节　投资估算与构成
　第二节　资金筹措
　第三节　效益分析
第十三章　保障措施

第一节　组织管理保障
第二节　科技保障
第三节　人才保障
第四节　资金保障
第五节　宣传保障

实践教学

实践 5-1　森林康养基地功能分区

1. 实践目的

掌握森林康养基地功能分区的原则和要求。

2. 材料及用具

校园卫星影像、地形图、调查资料、表格；水性笔。

3. 方法及步骤

(1) 小组成员根据前期实践的资料和结果，讨论森林康养基地功能分区的原则和要求。

(2) 以小组为单位，根据森林康养基地各方面条件和资源，进行功能分区，并明确各功能区的功能和作用。

(3) 撰写基地功能分区说明书。

(4) 每个小组安排一人汇报基地功能分区情况。

4. 考核评估

根据完成过程和完成质量进行考核评价。

5. 作业

完成基地功能分区说明书，作为以后森林康养基地评价的实践资料；以小组为单位提交报告一份。

知识拓展

《森林康养基地总体规划导则》(LY/T 2935—2018)

单元 6

森林康养基地设施建设

【学习目标】

知识目标
(1) 了解森林康养基地设施建设的主要内容。
(2) 掌握康养林建设要求。
(3) 掌握森林康养步道建设要求。

技能目标
能对森林康养基地设施建设提出合理建议。

素质培养
培养新发展理念,树立高质量发展意识。

6.1 森林康养基地设施建设相关理论

6.1.1 环境容量学理论

环境容量对森林康养基地设施建设的指导意义体现在两个方面:一是环境容量测算的许多极限值是资源开发和环境保护不可超越的阈值,是维护当地生态平衡系统的保障,是正确处理人为活动与生态环境保护关系的重要科学依据;二是环境容量测算的最适值,是确定森林康养基地开发目标、开发规模,减少盲目投资和盲目建设,促使生态效益、社会效益、经济效益三大效益协调统一的立足点。

6.1.2 康复景观学理论

森林康养基地建设应始终坚持健康优先的原则，以人与自然相适应为基础，在不破坏自然的前提下，优化景观格局和结构，充分考虑人体安全、设施形式、设施体量，合理建设相关设施，满足康养体验要求。

6.1.3 审美心理学理论

进行森林康养基地规划时，要考虑使康养体验者能够从基地的景观、建筑、设施中获得愉悦情感和放松的心情。各项设施要以康养步道为连接，尽可能穿越不同生态系统的过渡区域，如森林和水体之间的过渡区域、森林和草地之间的过渡区域，给体验者美的心理感受。

6.1.4 森林美学理论

林区的植物、草地、山岳、水体及鸟兽等自然景观要素构成了森林的自然美。而森林的艺术美体现在对林区内的人工设施进行艺术处理。如林区林道的设计，要求所有林道避免使用呆板的几何线条，要根据地形和林分的变化若隐若现。森林康养基地设施建设、森林植物造景必须以森林美学理论作为指导，有效遏制在建设过程中破坏自然环境的现象，呈现和谐自然的意境。

6.2 综合服务设施建设

综合服务设施主要包括森林康养住宿、餐饮、购物和管理等设施，应根据基地功能分区确定综合服务设施的位置、等级、风格、造型、色彩、密度、面积等。

6.2.1 住宿、餐饮设施建设

(1) 住宿、餐饮设施建设总体要求

①合理规划，规模适中　住宿、餐饮设施应根据接待规模以及淡旺季需求变化情况，确定数量、规模和档次，避免过度开发。结合乡村振兴战略的实施，森林康养基地也可以流转当地村(居)民的富余房屋(图6-1)，进行科学改造，提升住宿、就餐的舒适性和景观性，并减少土地占用。

②坚持特色化　以独有的人文背景、文化元素、地域特征、生态景观或环境艺术等为核心来体现住宿和餐饮的主题、建筑风格、装饰艺术、格调氛围，产品形态要具有创造性。

③营造舒适的居住、就餐环境　一是内部装修注意充分利用自然素材(图6-2)。通常木材和木制品更容易让人感觉亲近自然(图6-3)。二是住宿、餐饮设施的舒适性要高于普通酒店和餐厅(图6-4)。

(2) 住宿设施建设

①住宿设施类型　常见的有宾馆、特色旅店、休养所、森林木屋、休憩厅、露营地、

生态山庄、野外休息场所等。根据基地环境特色、接待规模和康养者需求选择合适的住宿设施类型。

②建设材料　采用天然、无毒无害、环保、安全的建筑材料，优先选用符合国家标准的高科技、低碳、节能建材，推荐采用木结构建筑，其设计、施工和质量标准应分别符合相关规定(图6-5)。

图6-1　贵州兴义纳具·和园森林康养基地民宿(摄影：彭丽芬)

图6-2　贵州兴义万峰林森林康养基地小石屋(摄影：刘志军)

图6-3　贵州水东乡舍森林康养基地民宿设施(基地供图)

图6-4　贵州兴义云屯森林康养基地森林木屋设施(摄影：刘志军)

图6-5　贵州大方童话五凤森林康养基地森林木屋与星空屋(摄影：彭丽芬)

③建筑面积　建筑大小因地制宜，根据森林康养基地规划进行调整。单体小型的建筑原则上不小于100m²，中型建筑200m²以上，联排大型建筑500m²以上。点群式、行列式和围合式的建筑可以做成康养小屋综合体。

④建筑性能　应具有防火、防盗、防震、防洪、防水、防电、防雷、防撬、防砸等安全预警功能，同时防潮、防虫、防霉，具有良好的采光、采暖、通风等条件。

⑤建筑形式　有2人居、3人居、4人居等多种形式。

⑥客房内部设施建设　参考《特色酒店设计、设施及服务评价规范》(DB52/T 988—2015)，每间客房的起居面积(不包括卫生间、衣橱、入口门廊等)应不小于12m²，卫生间面积不小于4m²，卫生间自然采光、自然通风良好。卫生间应符合《旅游厕所质量要求与评定》(GB/T 18973—2022)的要求，应装有抽水马桶或蹲式便器、面盆、梳妆镜、淋浴设施或浴缸，且带有冷、热水龙头)，并配有浴帘、吹风机、卫生纸等，具有有效的防滑措施。洁具宜洁净卫生。

⑦露营地设施建设　若住宿设施为露营地，应有专门的给排水系统、公共卫生间，以及便利的服务中心。露营地其他要求应符合《休闲露营地建设与服务规范》(GB/T 31710—2015)的规定(图6-6)。

图6-6　森林康养基地中的露营地(摄影：彭丽芬)

(3)餐饮设施建设

常见的餐饮设施有绿色餐厅、休闲餐厅、饮品店、餐饮服务店等。

餐饮设施规模根据游览里程和实际条件统筹安排，符合《饮食建筑设计标准》(JGJ 64—2017)的要求(表6-1)。

表6-1　餐饮设施建筑规模

建筑规模	建筑面积(m²)或用餐区域座位数(座)
特大型	面积>3000 或座位数>1000
大型	500<面积≤3000 或 250<座位数≤1000
中型	150<面积≤500 或 75<座位数≤250
小型	面积≤150 或座位数≤75

注：表中建筑面积指与食品制作供应直接或间接相关区域的建筑面积，包括用餐区域、厨房区域和辅助区域。

卫生应达到《饭馆(餐厅)卫生标准》(GB 16153—1996)的要求,卫生许可证、经营许可证、健康证齐全;客用餐桌椅及餐具完好整洁,备有适量的儿童餐具及桌椅。服务台、家具配置合理,与整体特色风格协调。餐饮服务区域有展示特色文化的墙饰和工艺品摆件。用餐区环境氛围舒适,具有就餐、阅读、交流等功能。有防鼠、防蟑螂、防蝇类、防蚊虫等装置,且完好有效。

6.2.2 购物设施建设

(1)购物设施建设要求

森林康养基地内应具有相对集中、便捷的购物设施。各功能区可根据实际需要设立购物场所,销售康养类林产品、地方特色农产品。考虑淡旺季需求变化,应预留临时性购物设施场地。

(2)购物设施建设内容

①设施类型 康养有机(或绿色)产品销售点、工艺品销售点、中草药销售点等。

②建筑与装修 应有民族或建筑文化特点,建筑形式、体量、色彩与周围景观及氛围相协调。

③商品种类 以当地特色商品为主,种类、品种、规格丰富,能满足康养体验者购物的基本需求。

6.2.3 管理服务设施建设

(1)管理服务设施建设要求

管理服务设施一般宜建在基地接待区,应能满足日常管理工作的需要。设施数量和布局应与接待能力相匹配,可设置接待中心和若干服务点,接待中心和服务点之间应具有统一的服务信息平台。

(2)管理服务设施建设内容

管理服务设施建设内容包括咨询设施建设、集散设施建设、行政办公设施建设和配套设施建设等。

①咨询设施建设 应设置咨询台和咨询人员,配备服务热线电话,为康养体验者提供基地公共服务信息问询解答或个性化需求建议。配备可供公众免费查询、浏览信息的电子设备,如触摸屏、自助查询设备、自动播放视频设备等,介绍基地资源、康养活动、天气预报等。

②集散设施建设 集散区内咨询区、售票区、换乘区的主要设施应符合《城市旅游集散中心设施与服务》(LB/T 010—2011)的要求。配备覆盖集散服务中心大厅的语音播报系统、视频信息播放系统,全方位播报或显示车辆发车、康养体验者出行信息和目的地天气信息,及时通告检票时间、班次调整、线路变更等情况。

③行政办公设施建设 为工作人员办公、休息和资料储存提供相应的独立空间,且不对外开放。配备办公家具及数量合理的计算机、打印机、扫描仪、传真机及智能化电子设备。工作网络可接入智慧旅游平台,具备实时获取并依授权发布灾害预警、气象、客流、交通、住宿等信息的能力。

④配套设施建设　主要包括工作人员信息公示牌、公共厕所、特殊人群辅助设施、临时休息区和简易求助设施设备的建设。

6.3　康养林建设

并非所有的林分都能够开展森林康养活动。未经处理的林分，有许多潜在的威胁，如有毒、有刺植物等。在某些季节，如花粉散发季，一些林分内的花粉孢子会诱发人体呼吸道疾病和引起过敏反应。因此，开展康养林建设是十分必要的。建设内容包括树种选择、林分整理与改造、有毒有害植物清除。

6.3.1　树种选择

6.3.1.1　树种选择原则

康养林树种选择应遵循以下原则。

(1) 适地适树

尊重当地森林生态系统内群落的自然发展规律，根据当地的气候条件、土壤状况、水质等，按实际需求选择，乔、灌、草合理搭配，使植物群落稳定。

(2) 注意植物的康养功效

通过植物配置构建五感环境，让康养者体验植物，调节身心，达到康养效果。常绿针叶树是首选树种，有利于空气负离子的形成，并能发挥植物精气的杀菌功效。

(3) 满足生态化、乡土化、景观化和功能化要求

应充分利用当地乡土植物，培育多层次、多功能的康养林体系，体现地方特色与文化特色；适当推广引进成功的优良树种。

6.3.1.2　参考树种

(1) 芳香(花卉)类植物

木本植物：梅、桃、柳、桑、构、槐、桂花、茉莉花、丁香、忍冬(金银花)。

草本植物：薰衣草、菖蒲、艾、车前、睡莲、苍耳、马鞭草。

(2) 释放精气类植物

杉类(红豆杉、柳杉、台湾杉、杉木等)、柏类(柏木、侧柏、日本扁柏、干香柏、圆柏等)、松类(马尾松、华山松、云南松、火炬松、华南五针松等)、刺楸、柑橘、闽楠、枫香、樟树、榉树、栎类(麻栎、栓皮栎、白栎等)、山鸡椒等。

(3) 药材类植物

侧柏、杉木、樟树、梅、桃、柳、桑、槐、菖蒲、艾、车前、苍耳、马鞭草、石斛、忍冬(金银花)等(图6-7)。

(4) 景观类植物

柏类(日本扁柏、福建柏、侧柏、圆柏、龙柏等)、松类(马尾松、华山松、华南五针松、雪松、罗汉松等)、杉类(台湾杉、柳杉等)、榉树、樟树、枇杷、梅、桃、柳、桑、

图6-7 贵州兴义万峰林森林康养基地麝香石斛与铁皮石斛(摄影：彭丽芬)

槐、枫香、木莲、闽楠、柑橘、刺楸、合欢、红枫、银杏、桂花、樱花、栾树、玉兰、广玉兰、皂荚、香椿、深山含笑、慈竹、山鸡椒、枫香、紫玉兰、紫薇、紫荆等。

6.3.1.3 不同空间类型森林康养植物选择

(1) 老年人活动空间的森林康养植物选择

老年人活动空间应以延年益寿为设计目标，宜选择含贝壳杉烯、石竹烯、柠檬烯、芳樟醇、水芹烯等对心血管系统、呼吸系统、中枢神经系统具有康养作用的植物，色彩不宜太鲜艳、跳跃，树形应以能使人平静、淡泊为宜。

乔木中的银杏、松柏类(柏木、雪松等)、樟树、黄兰、枇杷等枝干苍劲挺拔，使人精神焕发，植物精气对骨关节疼痛等有很好的缓解作用；玉兰、桂花、含笑、花椒、广玉兰、胡椒木、九里香等富含芳樟醇，可使人心率减慢，降低心肌的耗氧量，使心脏收缩有力，有益于改善老年人的生理机能。草本中的天竺葵、薰衣草、金银花、艾、月见草、络石、罗勒等，释放的芳香类物质可降低高血压患者的血压。

(2) 中青年人活动空间的森林康养植物选择

①亚健康调理康养林　选择能提高空气负离子浓度，释放植物精气，富含蒎烯、石竹烯、水芹烯等对机体保持健康和中枢神经系统有益的植物，达到消除疲劳、调节大脑、释放压力的目的。

②体育活动空间康养林　要求植物能提高空气负离子浓度，释放植物精气，可以吸收二氧化硫等有毒气体，加快人体血液循环，消除疲劳，释放压力，调节人的情绪，增加免疫力。如黄兰、柏木、结香、瑞香、玉兰、木香、丁香、九里香、海桐、络石。

③休闲空间康养林　要选择有利于缓解压力、提神醒脑、增强记忆力的植物，如香椿、银杏、玉兰、化香树、紫玉兰、桂花、含笑、木香、蜡梅、樱花、洋甘菊、月季、牡丹、兰花等。

(3) 儿童活动空间的森林康养植物选择

儿童活动空间的植物以能杀菌消毒、杀虫驱虫且无毒、无刺的植物为主，应有利于激发学习兴趣，并防止儿童中毒、受伤。

一是选择含有芳香醛、石竹烯、蒎烯、龙脑、香茅醛、香茅醇、桉树脑等保健成分的植物，有助于智力发育、增强体能、活跃思维、杀菌驱虫。

二是以常绿树为基调，配以色叶、观花植物和观果植物，如乌桕、广玉兰、柠檬、盐肤木、玉兰、桂花、泡桐、米仔兰、女贞、千头柏等乔木和灌木，同时配置猪笼草、香叶天竺、铃兰、柠檬、紫茉莉等驱虫杀虫的植物。

三是严禁配置夹竹桃、一品红、虞美人、马蹄莲、夜来香、郁金香、含羞草等，或者设置明确的提示或提醒。

6.3.2 林分整理与改造

康养林应是经过近自然化改造的天然林或人工林，既能使康养体验者深入其中进行适当的活动，也能在森林生态系统的自我调节能力范围内充分发挥植物的特性。

为了使康养体验者能深入森林并进行适当的活动，松树等林分枝下高必须大于全树的1/3（一般林木枝下高在2.4m以上）；低矮灌木林往往在炎热季节会由于通气不良而使人闷热难受，可以适当进行清理，栽针补阔，促进林分发育；要注意保护康养价值、科研价值和观赏价值较高的植物；在需要设置活动空间的区域对小灌木、草本植物进行清理。

6.3.3 有毒有害植物清除

对于有毒、有刺、果实易被误食的植物应避免种植或直接清除，并加以提示或提醒。

2002年，中国预防医学科学院病毒学研究所从1693种植物中检出包括石栗、变叶木、麻疯树、乌桕、油桐、狼毒、假连翘、银粉背蕨、曼陀罗等在内的52种植物含有促癌物质。此外，自然界中还有很多有毒植物，如荨麻科蝎子草的毛能刺激人的皮肤引起灼痛、红肿，症状如同荨麻疹；夹竹桃的茎、叶乃至花朵都有毒，会使人昏昏欲睡、智力下降；误食洋金花（又名顺茄花）会使人中毒；郁金香花中含毒碱，在花丛中待2~3h，人就会头昏脑涨，出现中毒症状；石蒜内含石蒜生物碱，全株有毒，如果误食会引起呕吐、腹泻，严重者还会发生语言障碍，口鼻出血；杜鹃花的花中含有四环二萜类毒素，人中毒后会出现呕吐、呼吸困难、四肢麻木等症状，严重者会休克，严重危害人体健康；仙人掌类植物的刺内含有毒汁，人体被刺后会出现皮肤红肿、疼痛、痛痒等过敏性症状；珊瑚豆全株有毒。

6.4 森林康养步道建设

森林康养步道是在优质森林生态系统环境区域内修建的供人们步行、跑步、骑行等，以调适身体机能、休闲养生、运动健身、自然教育为目的的道路。森林康养步道是森林康养基地的重要设施之一，也是森林康养活动的首要场所。

6.4.1 森林康养步道功能与类型

6.4.1.1 森林康养步道功能

(1) 康体养生功能

在"森林步道+养生场域"中体验森林环境的空气负离子、植物精气等养生因子，达到保健养生、休闲放松、释放压力等康养效果。

(2)科普教育功能

依托森林康养步道周边的自然、人文等资源,可以为康养体验者提供科普研学、博物教育、情感认知等服务。

(3)运动健身功能

以森林康养步道周边的森林环境为依托,以促进人体健康为目的,利用丰富的植被、植物精气、空气负离子等因子,因地制宜开展体育健身活动,可以促进康养体验者身体机能提高及慢性疾病康复。

(4)休闲游憩功能

利用森林康养步道周边特有的自然环境,依托各类景观,可以满足人们休闲游憩、缓解压力的需求。

6.4.1.2 森林康养步道类型

森林康养步道有4种基本类型,即康复疗养步道、保健养生步道、自然教育步道、运动健身步道。

(1)康复疗养步道

康复疗养步道选址于植被丰富,植物精气、负离子浓度高的区域,步道建设及配套服务设施有利于调适身体机能及促进慢性疾病康复,服务对象以康复患者、身心障碍类患者、老年人为主。

(2)保健养生步道

保健养生步道选址于植被较丰富,景观多样,植物精气、负离子浓度较高的区域,步道建设及配套服务设施有利于健康养生、休闲放松及释放压力,服务对象以亚健康人群、健康人群为主。

(3)自然教育步道

自然教育步道选址于自然环境优美、植被良好,动植物种类丰富,适合开展自然知识科普教育的区域,步道建设及配套服务设施有利于观察、体验、教育,服务对象以青少年为主。

(4)运动健身步道

运动健身步道根据区域条件因地制宜建设,设置登山、障碍跨越等体育运动设施,服务对象以健康人群为主。

6.4.2 森林康养步道设计和工程要求

6.4.2.1 森林康养步道设计

森林康养步道设计的内容包括线路布局、步道级别、步道入口、步道长度、步道宽度、步道坡度、步道铺装和步道附属设施等。

(1)线路布局

①现状调查 对新建步道和拟利用道路进行调查,内容包括步道穿越区域的自然资源、康养资源、设施条件、社会经济及土地利用现状等。

②确定步道区域 森林康养步道一般要求全长65%以上路段穿越康养林,且穿越处林

分郁闭度为 0.3~0.6，通视距离 50m 以上。步道穿越区域的空气负离子浓度、空气细菌含量、环境空气质量、地表水质量、天然贯穿辐射剂量水平等环境条件应符合《森林康养基地质量评定》(LY/T 2934—2018)的要求。

步道应优先穿越具有地带性特征的林分、森林景观多样的区域，并充分利用湖、溪、沟、河景观特色，丰富沿途景观。不得穿越国家公园、自然保护区和自然公园等自然保护地体系中法律法规禁止穿越的区域。应避免穿越不适宜人体康养的林分，如有毒、花粉致敏、飞毛飞絮、有刺激性气味等植物群落。

③线路设置 步道按形态分为线形、环形、网状 3 类，按作用分为主线、支线两类，应统筹建设康养步道综合体系。

结合康养者需求，步道起点、终点应方便到达，具有交通通达性；应顺应自然地形曲直变化，具有曲径通幽、步移景异的效果；要考虑安全因素，进行安全性评估，确保环境安全，无崩塌、滑坡、泥石流、地裂缝等地质灾害隐患；应避开强光、强风地段，尽量避开高压线走廊、输油管线和矿山；避开野生动物种群的迁徙通道，与珍稀野生动物的栖息地或生长地保持安全距离。同时，步道设置要易于救援队救援、救护，方便康养体验者从步道撤离。

(2) 步道级别

森林康养步道穿越区域涵盖的自然生态环境较广，可从资源、使用、经营管理 3 个角度综合考虑，构建森林康养步道分级系统。主要从森林康养基地的可及度、森林康养基地的环境容纳度、步道的状况(步道自然度、地形复杂度、开发程度)、步道的活动需求、步道的服务对象、使用者体验需求等方面来界定步道级别。

(3) 步道入口

步道入口应设于交通方便的地方，最理想的位置是在森林康养基地停车场附近，主干道节点处或景观比较特殊的地点。步道入口处须有清晰、明确的标识牌，注明步道线路图及步道长度等信息，告知康养体验者相关注意事项；步道沿线应于适当距离设立长度说明及方向指示设施。

(4) 步道长度

森林康养步道的长度一般是根据步行所需时间来确定的，而步行所需时间取决于所经过地区的地形地貌状况、步道的路面状况及步行者的身体状况(在森林康养步道，步行速度一般为 3km/h)。在森林康养基地内的各个功能区，应设置不同长度、不同高差的步道，步道总长度不小于 10km。步道长度与适合人群见表 6-2 所列。

表 6-2 步道长度与适合人群

	步道长度(km)	适合人群	备 注
短距离	<2	初次体验者或体弱者	可提供约 30min 的散步体验
中距离	2~10	一般人员	可提供约 1h、有高差变化、有一定运动量的散步体验
远距离	>10	身体健康、经验丰富的人员	可提供 2h 到半天、有高度变化、运动量较大的散步体验

可依据步道的康养功能，设置各种长度的步道，以步行时间1h为宜，尽量环形折返。运动健身步道长度宜为500~4000m。保健养生步道及自然教育步道长度应小于2000m，游程控制在1h内，尽量减少台阶设置。康复疗养步道应设游程不小于15min的无障碍步道，再设2000m以内坡度平缓的康养步道，最后可布设距离较长和强度较高的森林运动健身步道。

(5) 步道宽度

在森林康养基地内，道路的建设和利用具有潜在的负面影响。为了使道路建设对森林康养基地的负面影响降低，应当对基地的实际需求和植被敏感程度进行详细分析，并根据实际情况对道路的宽度、类型等进行合理的设计。一般来说，森林康养基地步道宽度应为1.2~2.0m。

(6) 步道坡度

步道应避免坡度过陡，铺设的路面应适宜残疾人员及病人游览需要。主线坡度≤7%，高度变换路段坡度≤30%，并设置0.3°~8°的纵坡和1.5°~3.5°的横坡，以保证地面的排水通畅。

踏步宽度应为30~40cm，踏步高度<15cm，应防滑；台阶踏步数不应少于3级，当高差不足3级时，应按坡道设置。轮椅通行坡道，宜将坡度控制在小于1∶12，以提高通行的安全性和舒适性；当提升高度小于0.3m时，可以选择较陡坡度，但不应大于1∶8；可分段设置坡道，中间设休息平台。

(7) 步道铺装

森林康养步道十分讲究材质，不同材质的步道其肌理直接影响到康养者的视觉感受，还会使康养者通过脚的接触而产生相应的生理感受。步道铺装材料的选择应遵循自然、生态的原则，常见的铺装材料有天然石材、木材、竹材、砖块、混凝土材料等，宜采用软底、糙底铺设。为了给康养体验者提供多种触觉感受，避免单一路面带来的枯燥感，步道铺装材料应有变化。步道铺装的色彩应与周边的环境相协调，或宁静清洁，或舒适自然，能为多数人所接受(图6-8至图6-17)。

图6-8　卵石与不规则石板步道及嵌草步道(摄影：彭丽芬)

图 6-9　涉水步道（摄影：彭丽芬）

图 6-10　混凝土圆盘步道（摄影：彭丽芬）

图 6-11　彩色透水混凝土步道（摄影：彭丽芬）

图 6-12　条石步道（摄影：彭丽芬）

图 6-13　自然小径（摄影：彭丽芬）

图 6-14　大型卵石步道（摄影：彭丽芬）

图 6-15 苔藓步道(摄影：肖淼)　　　　图 6-16 落叶步道(摄影：肖淼)

图 6-17 碎石步道(摄影：彭丽芬)

若步道为木栈道，应使用经防腐处理的木材修建(应尽量少建木栈道)。若需架空铺设，架空段应设置护栏，架空处路面宽度宜为 1.2~2.0m，并与相连路段保持一致。

软质铺装的比例应不小于 60%。结合水疗法，可设置涉水步道。

(8)步道附属设施

康养步道应根据需求，配置必要的附属设施，如厕所、垃圾箱、运动康养器材、座椅、康养提示牌等。这些附属设施应具有科学性和趣味性(图 6-18)，以提高康养体验者的安全性、舒适度和参与性(表 6-3)。如步道起始点和交叉点应设置标识牌，标明距离、高差和坡度，标注适用人群体重、运动强度、能量消耗量和建议步行速度等；在大树旁、水边、风口等使人感觉良好的地方，应设置标识牌。

图 6-18 运动量提示牌与健康生活测试牌（摄影：彭丽芬）

表 6-3 附属设施设计与配置

服务设施		设置位置	详 情
标识标牌	步道说明牌*	里程点	显示步道总长、徒步耗时、里程点、步道类型、步道难易度、步道状况、康养功效等
	方向指示牌*	岔路口和里程点	标注步道名称、步道走向、与基地内其他交通的连接指示、出入口等
	服务设施指示牌*	步道沿线100~500m	显示指示牌所在位置及与服务设施之间的距离，指示咨询服务点、休息点、活动平台、避雨棚、饮水处、厕所、应急报警设施等
	康养资源介绍牌*	步道沿线100~500m	介绍该地区野生动植物、水文、地文、人文等各类资源
	文化教育介绍牌*	步道沿线100~500m	介绍康养、生态、环保、红色文化、民族文化、历史文化等知识，用于文化宣传
	警示牌*	步道沿线100~500m	根据现场情况适当增设，警示周边危险情况、相关禁止性规定等
文化与景观设施	文化景观小品点缀	步道沿线100~500m	展示森林资源特色、康养文化特色、步道主题特色，起到修饰点缀的作用，形成特色突出的森林康养风景道

(续)

服务设施		设置位置	详情
咨询服务与休息设施	咨询服务点	步道出入口	合理安排服务人员以便游人咨询
	休息座椅*	步道沿线 100~500m	根据人流量适当增设，设施形态、色彩应与周边环境协调融洽
	休息点*	步道沿线 500~1000m	根据人流量适当增设，设施形态、色彩应与周边环境协调融洽
	驿站*	步道沿线 1500~2000m	根据人流量适当增设，设施形态、色彩应与周边环境协调融洽
活动平台	观景台*	步道沿线适当位置	在地质稳定、视野开阔、有景可观处设置
	森林浴场*	步道沿线 500~1000m	优先考虑林窗
	冥想空间*	步道沿线 500~1000m	优先考虑林窗
	坐观场所*	步道沿线 500~1000m	优先考虑林窗
	瑜伽平台	步道沿线 500~1000m	优先考虑林窗
	药草花园	步道沿线适当位置	优先考虑林窗，体现养生功能
	日光浴场	步道沿线适当位置	体现日常保健、心理调适等功能
	越野行走	步道沿线适当位置	体现放松减压功能
	山地自行车	步道沿线适当位置	体现竞技娱乐功能
	攀岩	步道沿线适当位置	体现锻炼心智与毅力功能
	丛林穿越	步道沿线适当位置	体现探险功能
庇护设施	遮阳避雨设施*	步道沿线 100~500m	设施形态、色彩应与周边环境协调一致
安全设施	围栏*	步道边缘高差大于1.0m 处	围栏修建应减少对林地的破坏，设施形态、色彩应与周边环境协调一致
	护坡*	步道沿线适当位置	根据安全需要设置
	监控摄像头*	步道沿线合理间距	实时监测步道设备设施状态及收集康养体验者人数、特征等信息，确保森林康养活动安全开展
	报警点*	休息点、步道沿线合理间距和警示区	报警点应颜色鲜明，易于发现。应有求助电话、报警点编号、邻近路线指示等基本信息
环境监测系统	环境监测仪器*	步道出入口和休息区	实时监测该地区气象和空气质量
厕所	生态厕所*	步道沿线 600~1000m	服务半径合理、卫生文明、干净无味、有效管理，符合《旅游厕所质量等级的划分与评定》的相关规定和要求
垃圾箱	分类垃圾箱*	步道沿线 100~500m	宜设置垃圾分类指示标识
运动康养器材	运动健身器材	步道沿线合理设置	满足运动康养需求，器材造型及用材与步道及周边环境协调一致

注：*为必建设施，可根据功能需要，新建或对现有设施进行升级改造，设施规模根据需要确定。如步道沿线的人工挡墙、天然岩壁，可用于康养文化建设和标识标牌建设，以减少新建标牌设施。利用沿线树木悬挂标牌时，禁止用金属钉直接钉在树木上。

6.4.2.2 森林康养步道工程要求

步道边缘高差大于 1.0m 处，应设置护栏。人流密集的场所、台阶侧面高度超过 0.7m 时，应有防护设施。防护设施应坚固耐久且采用不易攀登的构造，不应采用锐角、利刺等形式。若步道与地面齐平，应设置排水沟，防止步道在雨季积水。如果有裸露的边坡，应进行必要的加固和生态修复。通往孤岛、山顶等的卡口路段，宜设通行复线；必须原路返回时，应加宽路面，并根据路段行程及通行难易程度设置短暂休息场所。

6.5 森林康养活动场地建设

6.5.1 森林康养活动场地类型

不同森林康养基地康养模式不同、条件不同，开发的康养产品不同，为康养体验者提供的活动场地也不一样，较为常见的有以下几种。

(1) 运动类

配备一般的体育活动场所，如乒乓球场、羽毛球场等。有条件的基地可以布置游泳池、网球场、攀岩训练场、拓展训练场等。

(2) 养生类

根据康养体验者的喜好和市场需求，选择性配备温泉、禅茶室、中药养生室、太极平台、冥想室等。

(3) 动手制作类

可以是简单加工场、手工艺场地，如茶叶加工工房、精油香皂制作工房、精油提取工房、园艺疗法工房等。

(4) 休闲娱乐类

如棋牌室、桌球室、图书室、观景平台等。

6.5.2 森林康养活动场地建设要求

各活动场地以森林康养步道进行连接，宜设置在步道沿线，要求地质稳定、视野开阔、有景可观，便于康养体验者短暂停留，作为休憩、五感体验、水疗等活动场所。运动类场地可选择空气清新、植物精气丰富、负离子浓度高的地点，如水边、林窗等处。养生类场地宜与步道间隔一定距离，以确保场地安静与私密，适宜作为森林静息等活动场所。动手制作类场地宜设置在出入口附近，与外界相对隔离，设计应符合康养体验者的行为心理特点。康养资源丰富，周边视野开阔，适合远眺的地点，可设置休闲娱乐类场地（图 6-19）。

场地之间的距离，应根据地质、地貌、植被等现状，以及康养体验者的年龄和健康状况确定。场地面积应依据活动内容及现状条件确定，以能满足 3~5 人同坐而不互相干扰为最小单位。

图 6-19 石板活动平台与防腐木活动平台(摄影:彭丽芬)

6.5.3 森林康养活动场地附属设施

森林康养活动场地周边应设置疗愈效果展示牌、座椅、躺椅、凉亭、遮雨亭廊、垃圾箱等(图 6-20、图 6-21)。场地附近还可以设置饮水设施。

图 6-20 遮雨亭廊(摄影:彭丽芬)

图 6-21 座椅与垃圾箱(摄影:彭丽芬)

6.6 森林康养专类园建设

在森林康养基地内,可结合现状植被、水、地形等资源,局部开发为芳香园、作业农园、药草花园、水疗园等,为开展芳香疗法、作业疗法、药草疗法、水疗法等提供场所。森林康养专类园应与步道结合,方便康养体验者到达。专类园出入口处应设置标识牌,说明专类园的类型、适用人群、使用方式等信息。同时,应根据专类园的性质配备相应的操作间、工具间及其他必要设施。

疗愈花园是最常见的专类园,可分为康复治愈型、康体保健型、自然体验型、中药科研型4种基本类型(表6-4)(陈雄伟和陈楚民,2021)。

表6-4 疗愈花园的基本类型

基本类型	服务对象	专类园	备注
康复治愈型	思维障碍、肢体障碍和慢性疾病的患者	医疗花园、体验花园、疗养花园	重视无障碍设计
康体保养型	亚健康和健康人群	冥想花园、激励花园、感觉花园	改善自然缺失症
自然体验型	青少年	五感体验园、自然创意园、亲子活动园、园艺活动园	空间开敞,功能多样
中药科研型	对中药感兴趣的人群	中药材体验园、园艺活动园	中药科普,药食同源

如在贵州省科学技术厅支持下,贵州师范大学为儿童设计营建的"3C"花园自然疗愈示范性基地属于自然体验型疗愈花园。其占地逾6000m²,分为五感疗愈区、儿童自然创意区、亲子活动区、园艺活动与自然教育区,种植植物200余种,定期开展系列儿童疗愈活动(图6-22)。

图6-22 贵州"3C"花园自然疗愈示范性基地(摄影:张晓龙)

6.7 其他设施建设

在森林康养基地内,除了主要设施以外,还应根据需求建设一些其他设施,如一站式服务窗口、防灾避难设施、健康管理设施、生态环境监测设施、座椅、标识、停车场等。

6.7.1 一站式服务窗口建设

每 75hm² 森林康养基地应至少设置 1 处一站式服务窗口。一站式服务窗口的服务半径为 500m。一站式服务窗口应具有森林康养相关的医疗设备，设置桌椅、卫生间等必要设施，储备一定量的燃料、食物、水、药品、垃圾袋，并摆放当地农特产品等方便顾客购买，同时应兼具防灾避灾功能。一站式服务窗口中的卫生间，一般按日环境容量的 2% 设置蹲位数(包括小便斗位数)，要求女厕蹲位数至少为男厕蹲位数的 2 倍(也可以设置男女共用的蹲位)。在无障碍活动区域的一站式服务窗口，应符合《无障碍设计规范》(GB 50763—2012)的要求。一站式服务窗口的建筑材料宜以当地材料为主，推荐使用木材，建筑风格宜与森林环境相协调。

6.7.2 防灾避难设施建设

避难屋应结构合理、坚固，不会造成二次伤害。避难屋内应配备必要的生存物资。避难场所宜通过防火林带等防火隔离措施防止次生火灾蔓延。较高建构筑物、配电设施等均应设置防雷装置，高差大于 0.7m 的地点需设置护栏或采用相应管理措施。在易发生跌落、淹溺等人身安全事故的地段，地形险要地段，以及易发生地质灾害的危险地段，均应设置警示牌，并采取安全防护措施。

6.7.3 健康管理设施建设

森林康养基地应建设健康管理中心和中医养生馆，配置必要的设施与设备。

(1)健康管理中心

健康管理中心是基地建设的核心组成部分，面积一般不少于 100m²。森林康养基地依托健康管理中心，开展体质监测、健康咨询、健康评估及健康指导，制定并实施康养课程，评价康养效果等。健康管理中心通过监测、分析，提供个人健康管理报告，为基地餐饮、住宿等康养服务提供参考。同时，开展健康宣传教育等活动，并为康养人员提供常见病、多发病的诊治，以及蛇、蚊虫等咬伤急救处置等。建设高标准的健康管理中心，是森林康养基地运行的重要保障(图 6-23)。

图 6-23　贵州兴义纳具·和园森林康养基地健康管理中心与康养设备(摄影：彭丽芬)

健康管理中心配置健康一体机(含拓展功能)、健康数据展示大屏、智能穿戴(可接入设备中医四诊仪)、经络检测仪、心肺呼吸功能检测仪、便携式健康数据采集信息工作站、全身体温红外检测仪、心理检测辅助系统、智能睡眠监测仪等健康管理设备,森林康养健康管理中心管理系统(图6-23),以及办公设施(办公桌、计算机、打印机等)、急救药品(含蛇药)和急救设施等。

(2)中医养生馆

中医养生馆可以与健康管理中心设置于一处,面积不少于30m²。宜配备熏蒸治疗仪、牵引床、颈椎牵引椅、空气压力波治疗仪、中频治疗仪、磁振热治疗仪、微波治疗仪、电脑恒温蜡疗仪、超短波治疗仪、心电监护仪、中药熏蒸机、推拿床、梅花针针具、火罐、灸疗盒、电子秤、人体模型等康复理疗必要的仪器设施。根据基地服务对象,可以选择性开展中医养生项目,如推拿、针灸、拔罐、热砂、熏蒸、药膳、微波理疗、超短波理疗、磁振热理疗、中药蜡疗等(图6-24、图6-25)。

图6-24 贵州兴义纳具·和园森林康养基地中医养生馆(摄影:彭丽芬)

图6-25 百里杜鹃森林康养基地中医养生馆(摄影:彭丽芬)

6.7.4 生态环境监测设施建设

安装生态环境监测设施,主要监测温度、湿度、风速、降水量、辐射等数据(图6-26)。在康养体验者主要活动空间,设置空气质量检测仪器,检测空气中的负离子浓度、植物精气成分及浓度、悬浮颗粒物浓度(包括$PM_{2.5}$浓度)、空气污染物等(详见单元8)。

图6-26 森林康养基地空气质量与噪声监测设施(摄影:彭丽芬)

6.7.5 座椅设置

在森林康养基地附属设施中，座椅尤其重要。座椅的间距应根据体弱老年人的步行速度、休息需要及道路的坡度来确定（表6-5）。一处座椅应至少满足3人同时就座。座椅数量应按康养体验者容量的30%设置。座椅的材料应以当地材料为主，其形式应不拘泥于椅子的形式，可以是木块、石块、种植槽的边缘等。在能够远眺的场所，有特殊景色、特殊声音、特殊气味的地方，设置特定朝向的固定座椅，引导人的视线或其他感官体验。在需要交谈、进食的地方，设置可移动的桌椅。可结合森林环境，设置躺椅、半躺椅和倒躺椅。

表6-5 座椅的间距

座椅的间距	成年人休息频次	道路坡度	备注
适宜间距为360m	每60min休息一次	0°~5°	
适宜间距为180m	每30min休息一次	5°~10°	
适宜间距为120m	每20min休息一次	10°~15°	
适宜间距为60m	每10min休息一次	15°~20°	坡度15°以上需要设置台阶

6.7.6 标识设置

(1) 标识分类

森林康养标识分为指示标识、解说标识、警示标识3种类型（图6-27），具体形式包括标识牌和电子设备。标识牌可分为导向牌、解说牌和安全标识牌；电子设备可分为显示屏、触摸屏和便携式电子导游机等。

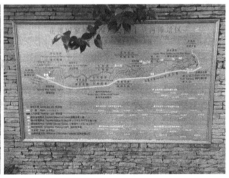

图6-27 森林康养基地总体布局介绍与景点介绍（摄影：彭丽芬）

(2) 标识设置要求

森林康养基地的出入口、边界、交叉路口、康养步道沿线、康养活动场地、康养专类园、配套康养设施、险要地段等均应设置标识。标识应选用自然材料，形式应与基地环境相协调，除考虑视觉因素外，还应充分考虑对人触觉、嗅觉、听觉、味觉的激发。标识文字应至少采用中文、英文两种文字，必要时应加入盲文。标识的内容应紧密围绕康养路径、康养场所、康养效果等。与康养活动密切相关的标识，宜使用象形标识符号。其他公共设施标识采用国际通用的标识符号。

6.7.7 停车场建设

停车场与康养活动区出入口的徒步距离不宜超过 500m，若超过 500m，应设置摆渡车。停车场内应具备无障碍机动车停车位。停车位 100 个以下的停车场，设置不少于 2 个无障碍机动车停车位；停车位 100 个及以上的停车场，设置不少于总停车位数 3%的无障碍机动车停车位。

☞ **实践教学**

实践 6-1　森林康养基地康养林改造方案编制

1. 实践目的

能够开展康养林改造调查与方案编制。

2. 材料及用具

实践 4-1 的调查资料、调查记录表；水性笔。

3. 方法及步骤

（1）以小组为单位，根据实践 4-1 的调查资料，讨论康养林改造事宜，确定改造林分并分工。

（2）整理调查内容，撰写康养林改造方案。

（3）每个小组安排一人汇报。

4. 考核评估

根据完成过程和完成质量进行考核评价。

5. 作业

完成改造方案。

☞ **知识拓展**

（1）《森林康养基地质量评定》(LY/T 2934—2018)

（2）《森林康养基地总体规划导则》(LY/T 2935—2018)

（3）《贵州省森林康养基地建设规范》(DB52/T 1198—2017)

单元 7

森林康养基地产品开发

【学习目标】

知识目标
(1) 掌握森林康养基地产品开发的原理和原则。
(2) 熟悉森林康养基地主要产品类型。

技能目标
能够根据森林康养基地环境条件确定产品类型。

素质培养
培养收集、整理资料的能力。

森林康养基地产品开发是森林康养基地建设的关键，直接关系到森林康养基地在消费市场上的吸引力和竞争力。因此，要在切实保护林地资源、坚决维护生态安全的基础之上，结合森林康养基地资源禀赋和市场需求，把握国家及地方政策趋向，科学分析森林康养产业发展业态，有效提供森林康养服务产品。

7.1 森林康养基地产品开发原理

森林康养基地产品主要围绕人的五感即视觉、听觉、触觉、味觉、嗅觉进行开发，利用人身体上的感觉来影响心境的变化，使人恢复并保持心情愉悦，从而促进身体的健康。

(1) 视觉利用

视觉是人类获取信息的主要渠道。森林植物的颜色丰富多样，常见的色彩有绿色、橙色、红色、蓝色、紫色、白色及各种混合色。不同色彩具有不同的功能(表7-1)。绿色是基础色调,能吸收太阳光中的紫外线,减少太阳光对眼睛的刺激,缓解眼部疲劳;红色和橙色能增进人的食欲;紫色会使人心情舒畅;白色对缓解高血压患者的病情有一定效果;暖色系有益于白内障、弱视等人群。

表7-1 色彩的功能

颜色	功能
绿色	有助于排毒、消炎;心理上代表富有、自信及内心渴望
红色	有助于促进血液循环,有利于肾、腿部、臀部的健康;心理上展现生命力和活力
黄色	对肝、胰及胃部有益,强化神经系统,促进新陈代谢;心理上有满足感
紫色	对淋巴系统有极佳的治疗效果,对大脑及内分泌有益;心理上代表富有、自信
蓝色	有助于降低血压、减缓脉搏,舒缓神经及肌肉紧张
橙色	有助于大肠、子宫的健康;心理上稳定效果极佳
粉红色	稳定情绪
浅黄色	抑制冲动,防止焦躁
橘黄色	增加食欲,提高免疫力;使心情愉快

资料来源:郭毓仁,2002。

开发森林康养产品,要了解不同植物的季相变化,从而结合不同康养环境,运用植物的色彩和形态来丰富森林康养基地的色彩,促进康养产品实现康养效果。此外,基地内配套的建筑、步道等的色彩、高度、造型要与周边环境相契合,构成一道原生态、近自然的风景线。

例如,贵州兴义纳具·和园森林康养基地以红色、绿色为主色调(图7-1),贵州水东乡舍森林康养基地以白色为主色调(图7-2)。

图7-1 贵州兴义纳具·和园森林康养基地(基地供图)

(2)听觉利用

听觉对外界信息的接收仅次于视觉。自然环境下的水声、风声、鸟鸣声、雨声等容易缓解人的疲劳和紧张情绪。水声在改善情绪和健康状况方面最为有效,鸟鸣声则可以减轻压力。

利用听觉开发森林康养产品的方法有借声、补声、掩声。借声是将自然界的风声、雨声、鸟鸣声、虫鸣声等借到景观中,作为渲染整体环境气氛的一部分出现。补声是弥补因历史变迁、环境变化、季节变化等而消失的原有声音，以丰富场地景观元素。掩声是为了营造良好的景观环境而屏蔽一些杂音。例如，四川洪雅玉屏山森林康养基地与四川音乐学院合作，打造基地专属音乐疗法项目，康养体验者可在玉屏山茂密的林海中倾听鸟语虫鸣、冥想，感悟人生。

(3) 触觉利用

触觉是最直观的感觉。康养体验者通过触碰不同植物、铺装、设施以及水等，获得不同的感受，从而达到愉悦身心的效果。触觉景观可以分

图 7-2　贵州水东乡舍森林康养基地星悦田园（基地供图）

为软质触觉景观和硬质触觉景观。软质触觉景观包括水、植物、土壤等拥有自然特性的景观。在特定自然场所，可以设置相应的设施为康养体验者提供触觉体验（图 7-3），如在自然水源周边设置水疗设施、在活动场地周边种植可触摸植物等。硬质触觉景观主要包括铺装、园林小品等。道路铺装应选择软质材料，如菠萝格木板等，且要富于变化，相同材质的道路不可过长。

图 7-3　室外茶桌（摄影：彭丽芬）与室外温泉（基地供图）

(4) 味觉利用

味觉体验一般通过饮食活动实现。在森林康养基地中，可设计一些特殊的区域进行森林食品的生产，通过森林食品的品尝和科普，达到康养效果。例如，山东省灵山岛发挥海

图 7-4　贵州毕节周驿茶场森林康养基地天麻林下种植与天麻菜肴（基地供图）

域及海洋生物资源、林木资源、鸟类资源优势，结合地质地貌特色，深挖美食康养内涵，大力发展森林康养式民宿和以渔家生活体验、海鲜品尝为特色的渔家乐，开发、评选了具有灵山岛特色的十大美食菜品；贵州毕节周驿茶场森林康养基地结合林下天麻种植开发了天麻菜肴宴（图7-4）；贵州安顺龙宫森林康养基地挖掘贵州民族特色，开发了独具特色的长桌宴（图7-5），让康养体验者在美景中品尝民族特色佳肴。

图7-5　贵州安顺龙宫森林康养基地长桌宴（基地供图）

（5）嗅觉利用

嗅觉往往与其他四觉相辅相成。嗅觉疗法主要是在特定场所，配置多种能散发气味的特殊植物（尤其是芳香植物），这些植物的气味往往具有一定的康养保健功效（表7-2）。

表7-2　芳香植物功效

疾病或症状	松	柏	香柏	圆柏	月桂	柠檬	薄荷	柑橘	月季	香石竹	洋茉莉	鼠尾草	天竺葵	茉莉花	薰衣草	迷迭香
哮喘	√	√			√	√		√		√					√	√
疲劳	√			√	√	√		√			√	√	√			√
焦虑		√	√	√	√						√	√	√			
头痛						√		√		√					√	√
失眠															√	
悲伤								√							√	
花粉病	√							√								
高血压						√									√	
低血压	√	√	√										√			√
脑充血	√	√				√	√							√		√
关节炎	√	√	√	√					√							√
循环系统疾病	√	√			√	√	√					√			√	√
轻微沮丧	√								√	√					√	
肌肉酸痛	√	√										√				√
流行性感冒	√	√				√	√							√		√
消化不良						√	√	√				√			√	

资料来源：郭毓仁，2002。

配置时，尽量选择具有芳香气味的植物类型。这些植物不但生理上具有保健效果，还能使康养体验者产生好的心情。在节点设计时，可以根据不同主题选择不同气味类型的植物，为康养体验者提供多种嗅觉体验。例如，四川眉山七里坪国际康养旅游度假区的梦幻森林禅道海拔 1300~1400m，环抱于万亩*柳杉林之中，负离子浓度高达 20 000~40 000 个/cm^3，是其他树种林分的 1.5 倍，还有 1600 多种纯天然药用植物释放着具有抗癌作用的精气。

(6) 多感体验

多感是视觉、听觉、嗅觉、触觉与味觉这 5 种感觉与疼痛觉、温觉等的任意组合。多种不同的感觉相互影响、相互作用，并不孤立。人通过眼、耳、鼻、身、舌 5 种感觉器官接收信息并将信息传递到大脑，大脑对感知到的信息进行分析和处理，形成综合感知并上升到意识层面，而后作用于人的神经系统，影响人的行为习惯和心理状态。自然环境为人提供了多种感觉的刺激，通过多种感觉相互加强，人便得到深刻的环境体验。

7.2 森林康养基地产品开发条件与原则

在森林康养基地产品开发过程中，不同的森林康养基地应根据建设前期的资源条件分析和评价，充分挖掘当地的康养资源优势，因地制宜，开发养生、疗养、休闲、健身、认知、体验等不同类型、各具特色的差异化康养产品，同时统筹周边区域的旅游资源，形成优势互补、协同发展的森林康养基地产品体系。

7.2.1 森林康养基地产品开发条件

森林康养基地要根据各方面的实际情况有目的地规划和开发康养产品，以保证康养产品与康养自然资源、康养人力资源、康养市场有效对接。在康养产品开发过程中，要深入分析的因素有基地环境条件、人力资源条件、市场条件等。

(1) 基地环境条件

森林康养基地的自然、人文等资源是康养产品开发的前提和基础。森林康养既不同于生态旅游、观光旅游，也不同于普通的乡村休闲和城市疗养，其更具人文关怀和本土文化色彩，更能为健康养生的康养体验者提供"归园田居"般的归属感。森林康养基地不同区域的独特地理位置又能营造颇具特色的生态环境，有利于形成本土化的康养特色。因此，森林康养基地产品开发需要评估基地环境条件，依托资源禀赋、地理环境，重点发挥优势康养资源的经济、社会和生态价值。

例如，浙江雁荡山森林康养基地文化资源丰富，拥有古刹飞泉寺、古村落遗址、古飞泉亭、民国名人墓以及古道，这些文化资源成为基地的优势康养资源。如何依托独有的文化特色，延续历史足迹开发特色康养产品，是基地产品开发需要考虑的重点。又如，贵州茶寿山森林康养基地兼具自然优势和文化优势，其所在的凤冈县具有"全国长寿之乡""中

---

* 1 亩≈667m^2。

国富锌富硒有机茶之乡"的美誉，因此基地可依托富含锌、硒的生态土壤，以及富含负离子和森林精气的空气等生态资源，植入禅茶文化与长寿文化，打造以茶和养生为特色的产品品牌。

(2) 人力资源条件

森林康养基地具有好的森林康养资源条件，不等同于就有了好的森林康养产品。森林康养资源要开发成产品，还必须与人力资源充分结合。森林康养作为一种新业态、新模式，康养产品的开发注定是一种复合式、跨界式的创新过程。开发康养、文化、科技、体育、生态、商务等领域融合型产品，对人力资源的需求必然不是理疗师等"单向度"的需求，而是向着理疗、中医药、文化创意、设计开发等多元人才需求转变。从康养产品内容开发和设计，到打造爆款康养产品，再到 DIY 定制康养产品，都需要一支复合型、创新型的人才队伍。

(3) 市场条件

市场是检验森林康养产品成功与否的试金石。任何森林康养产品都必须能够满足一定的消费市场需求，具有一定规模的消费群体。森林康养基地产品开发要经过市场分析和战略规划，以满足康养体验者的不同康养需求与消费偏好。在一定程度上，区域的社会经济发展状况和目标客群的需求决定了森林康养基地产品开发的方向。若社会经济发达，特别在一些大城市，往往具有较高质量的经济基础、产业基础，消费人群规模大，对森林康养的认知水平高，更有利于激励森林康养基地产品创新培育，产品后续更新也更具有市场动力。同时，森林康养基地产品开发还需要有效发挥市场供需互动机制，对需求方进行有目的的引导，推动整个市场的创新与发展。

7.2.2 森林康养基地产品开发原则

在全面分析基地建设条件的基础上，形成一系列的产品设计方案，从中选择既符合市场消费者需要，又符合基地特点，并且能形成特殊的市场竞争力，同时基地开发团队有能力运作的方案进行产品项目的开发。

(1) 环境友好

环境友好原则是保障康养产品可持续供给的前提。森林康养是在林地生态空间中开展的一项活动。森林康养产品的开发需要以资源保护型和修饰型开发策略为主导，尊重、顺应、保护基地现有的自然生态系统，科学减少对自然环境和人文环境的破坏，避免大拆大建，避免开发对生态系统有很大负面影响的康养产品。允许通过适当的人工手段，对康养资源进行修饰和点缀，使康养效果更加突出。

(2) 特色突出

一些森林康养基地在产品开发时往往出现产品大相径庭、特色不突出的问题，导致基地发展状况不佳，没有市场竞争力。森林康养产品开发必须突出产品的特色化和市场的差异化，充分挖掘当地的自然和人文资源，让产品突出地域特色，体现基地的环境、历史和文化，避免大量出现同质化建设的现象。

例如，贵州野玉海森林康养基地依托彝族医药特色优势，开发彝族医药特色康养产品；青海峡群寺森林公园将森林康养与寺院文化旅游融为一体，创造出独特的"森林+寺院"的康养产品。

(3) 融合创新

随着消费者对产品多元化需求的提升，单一的森林康养产品已不能满足市场的需求，也不利于基地优势资源的最大化利用。因此，森林康养产品开发中要树立市场观念和产品功能融合的理念，以市场为导向，围绕食、住、行、养、学、闲等产品要素综合设计，注重森林康养产业与其他产业的协同发展，推动林业与休闲旅游、医疗养生、科普教育、运动保健等产业的融合，促进森林康养产品的丰富和产品体系的发展（王华鑫，2020）。此外，在市场竞争机制下，森林康养产品存在生命周期，基地需要把握市场发展趋势，不断学习先进康养理念和技术，不断前瞻性地创新森林康养产品，持续优化康养者的体验，以提高基地的市场竞争力。

例如，福建泉州市石牛山森林康养基地打造复合型康养产品，包括森林陶艺、森林瑜伽、森林太极、森林体操、森林冥想、森林品茶、悟道养心、追忆红色文化、竹海康养、森林健步、森林骑行、森林漂流等，并开发了一系列康养效果显著的特色药膳食材和健康菜品，构建出"森林康养+医疗+食品+文化+体育"的森林康养综合体系，提升康养产品价值。

(4) 统筹协调

在森林康养基地，一般需要构建舒适的空间结构和自由可变的康养路线，形成多种主题，使康养者能根据自身需要自由体验。产品的多元化，客观上要求在森林康养基地内部科学开展不同类型产品的要素配置、组合与空间布局，如进行内外部游线、交通、土地利用等方面的统筹协调，这是基地产品体系打造的重要一环。康养产品开发过程中还要注重与周边协同发展，产品规划要符合区域规划政策要求，与城市总体规划、土地利用规划、林业保护利用规划以及生物多样性保护、人文景观资源保护规划相衔接，同时产品要与周边旅游产品共同组成地域特色浓郁的旅游产品体系（曹佩佩，2020）。

例如，贵州兴义纳具·和园森林康养基地着力构建"旅游空间全区域、旅游产业全领域、旅游受众全民化"的发展格局，协调旅游资源要素联动发展，形成了与周边万峰湖、万峰林、马岭河峡谷三大旅游板块统筹协作发展的态势。

(5) 有序开发

无序的森林康养产品开发会导致宝贵的森林资源浪费。在森林康养产品的开发过程中，需要准确调查、分析市场需求和供给，充分考察同类基地的发展状况和周边景区的资源、产品以及当地市场对森林康养产品的认知等，充分结合资源条件、人力资源条件、市场条件，瞄准目标市场，以自身特色资源为核心进行规划，做好产品的主题、目标、市场、功能定位，避免重复和无序开发。要强化经济效益、社会效益、环境效益导向，根据基地开发能力，兼顾基地所在区域社会经济发展水平，做好产品项目可行性研究和产品开发效益分析，规划不成熟则不开工，确保产品开发科学、有序。

(6) 品牌打造

森林康养产品开发的关键是充分考虑产品的品位、质量及规模，突出产品特色，努力开发具有影响力的拳头产品和名牌产品。此外，基地还要围绕核心产品做好配套的通信、步道等设施建设和服务提升。

例如，贵州野玉海森林康养基地以气候优势为引领，依托区域内森林、草地、气候等资源，突出"健康、生态、养生"的避暑特点，打造"中国凉都避暑旅居栖息地"的康养品牌，坚持"1+N"产品发展模式，多层次、多角度开发康养产品，构建以"清凉康养"为核心的独具特色的森林养生、运动养身、文化养心等康养旅游产品体系。

7.3 森林康养基地产品类型

康养产品的竞争力决定着森林康养基地的竞争力。要想打造优质的森林康养基地，必须开发优质的复合型、多维度、多业态的森林康养产品，构建森林康养产品品牌。森林康养基地产品根据产品内容及康养体验者年龄、健康水平、参与时间等分类标准，可划分为不同的类型(吴后建，2018)。

7.3.1 按照产品内容分类

根据产品内容，森林康养产品可分为生态体验型、文化科普型、旅居康养型、森林运动型、医疗养生型5类(表7-3)。

表7-3 根据产品内容划分森林康养产品

类 别	具体康养产品
生态体验型	森林浴、温泉SPA、山林避暑、养生谷、园艺活动等
文化科普型	农事体验、节日活动等
旅居康养型	特色民宿、农家乐、露营等
森林运动型	森林瑜伽、太极、专业SPA等健身运动和拓展训练、森林穿越等户外运动
医疗养生型	医疗中心、调养中心和保健中心，特色饮食疗法和中草药疗法等

(1)生态体验型

这一类型是主要以休闲养生为康养目标，打造的基于优势生态环境的森林康养项目，如森林浴、温泉SPA、山林避暑、养生谷、园艺活动等(图7-6)。这类产品是目前最主流的康养产品，通常能为康养体验者提供天人合一的自然环境体验，使康养体验者缓解城市生活中的压抑与疲倦，享受清净、淳朴的自然，调节身心，达到康体、保健、静心的养生效果，并且树立尊重自然、顺应自然、保护自然的生态文明理念。例如，贵州野玉海森林康养基地依托红枫康养林、樱花康养林，开发出了森林浴、品茶、冥想、深睡眠、养生操、温泉等自然养生疗法康养产品。

提供生态体验型产品的场地应相对独立，尽量避免外界的干扰。应选择对人体有一定康养效果的植物类型，避免选择易致敏、安全性低的植物。也可以引入一定的自然之声，使康养体验者更容易产生平静、快乐的心情。例如，人对水具有天然的亲近感，通过水环境的打造，可以提高康养场所环境氛围的舒适性。

A. 荷塘漫步（摄影：吴婷）　　B. 观云海（四川洪雅玉屏山森林康养基地供图）

C. 园艺疗法——拓染（摄影：彭丽芬）

图 7-6　生态体验型森林康养产品

(2) 文化科普型

这一类型是主要通过深度挖掘当地特有的养生文化、长寿文化、民俗文化、历史文化、宗教文化等，结合现代生活方式与市场需求，营造浓厚的文化主题氛围，打造的特色化、以体验为主的文化养生产品，如民俗节庆活动等（图 7-7）。这类产品能够使康养体验者更深入地了解、体验当地独特的乡土文化，提升文化内涵。例如，贵州野玉海森林康养基地深度挖掘彝族医药文化，大力开发彝族医药与森林康养服务相结合的产品，有针对性地对康养体验者提供地域文化康养方案。同时，建设中医院、彝医馆等地方民俗医药馆，充分挖掘和发扬彝族医药文化、中医文化内涵，将针灸、拔罐、足疗、火疗、推拿等传统医疗方式和技术运用到康养活动中，在养生餐饮、住宿、购物等项目中融入彝族医药，形成独特的旅游文化特色。

一些森林康养基地利用基地内外的自然资源，建设森林康养体验馆、森林养生文化馆、森林教育基地、森林野外课堂和森林康养宣传设施等，开发一系列科普产品，从而培养康养体验者的环保和保健意识，提高知识储备和实践、合作能力。例如，福建龙岩地质公园围绕宣贯习近平生态文明思想，普及植物多样性、动物多样性、森林生态系统等知识，开展自然生态研学、科普及生态教学活动，打造梅花山自然教育学校，形成了生态文明思想研学区、红豆杉与植物多样性研学区、鸟类与森林生态研学区、华南虎与动物多样性研学长廊。

(3) 旅居康养型

旅居康养型森林康养产品不仅为康养体验者提供居住体验，还提供休闲、观景、调

A. 贵州省六盘水娘娘山国家森林康养基地彝族火把节活动（基地供图）

B. 侗家戏台与花艺小屋（摄影：吴婷）

图 7-7　文化科普型森林康养产品

养、饮食等多元康养服务体验。以康养旅居为核心要素的场所如特色民宿、农家乐、露营地、景区酒店等通常能为康养体验者提供丰富的养生项目和舒适的环境，使康养体验者能够长时间地在舒适的环境中进行身心调养（图 7-8A）。例如，贵州野玉海森林康养基地坚持以"林-菌-游"相互融合、相互促进的方式推进基地建设，积极推动林下采摘体验活动开展，同时挖掘食用菌康养功效，研发食用菌康养菜谱，打造林下食用菌自栽、自采、自食的康养互动产品。又如，贵州兴义纳具·和园森林康养基地整合红色文化和历史、人文资源，建设高规格森林康养特色村，持续改造提升 69 户老旧民房，建成布依族吊脚楼特色民宿（图 7-8B）。

(4) 森林运动型

这一类型包括森林瑜伽、太极、专业 SPA、拓展训练、野钓、森林穿越、森林漫步、山地自行车、山地马拉松、森林极限运动、森林球类运动等（图 7-9）。这类产品能够使康养体验者在不同的运动体验中达到放松心情、锻炼身体等康体效果，同时能促进当地体育、户外运动、健身等行业的深度发展。例如，福建龙岩地质公园精心培育户外康养业态，打造骑行、徒步项目，建设了完善的登山步道、玻璃栈道、环湖自行车道。又如，安徽天柱山大力开发低空飞行、9E 高空玻璃桥和玻璃水滑道等项目，持续举办天柱山国际溯溪越野挑战赛暨天空跑全国积分赛、天柱山国际长板速降大赛、广场舞大赛、摩友大会、帐篷节等赛事及节庆活动，提高森林康养业态品质。

A. 森林酒店（摄影：吴婷）　　　　B. 布依吊脚楼特色民宿（基地供图）

图 7-8　旅居康养型森林康养产品

A. 贵州省独山翠泉森林康养基地滑草场与森林游泳池（基地供图）

B. 贵州省安顺龙宫森林康养基地运动疗法（基地供图）

图 7-9　森林运动型森林康养产品

（5）医疗养生型

森林康养的受众不乏老年人和慢性疾病患者，因此医疗养生型产品是康养产品的重要类型。森林疗养中心、森林康复中心、森林养生苑、森林调养中心等是提供医疗养生型产品的主要场所，可为康养体验者提供治疗疾病、调理身体、康体保健等多种服务（图 7-10A）。同时，一些基地还开发当地特色饮食疗法和中草药疗法，提供特色本土养生体验。医疗养生型产品要达到康养效果，除了配备必要的医疗设备外，对周边环境（包括植物环境、声环境、水环境）也提出了较为严格的要求。例如，贵州兴义纳具·和园森林康养基地特聘请著名医药专家入驻（图 7-10B），设有首都名中医工作室、中医理疗区、药膳餐厅、健康养老区、接待中心、中医大讲堂，开发以中药材、农副土特产品为原材料的特色旅游商品，如铁皮石斛酒、天麻宴、艾草贴、纳具米酒、椅山康蕊绿茶等。

A. 贵州省水东乡舍森林康养基地明德草堂中医院（基地供图）　B. 名中医在贵州省兴义市纳具·和园森林康养基地坐诊（基地供图）

图 7-10　医疗养生型森林康养产品

在实践中，森林康养基地的产品往往是多元的。例如，贵州野玉海森林康养基地将医疗养生康养与旅居康养相结合，创造了"基地诊疗+民宿休养"模式，带动当地居民开设民宿、彝医馆、中医馆，全面推进彝族医药文化产业链建设。同时，发展林下经济，打造集种植、采摘、研学等于一体的农旅融合基地。

7.3.2　按照康养体验者年龄分类

按照康养体验者年龄，可将森林康养产品划分为少儿适用型、青年适用型、中年适用型和老年适用型 4 种类型（表 7-4）。

表 7-4　按照康养体验者年龄分类的康养产品

类　型	具体康养产品
少儿适用型	森林科普探索、动植物认知等
青年适用型	丛林秘境探险、户外体能拓展等
中年适用型	森林浴场、森林冥想等
老年适用型	康体检测、森林太极、森林药膳等

(1) 少儿适用型

少儿适用型森林康养产品以培养儿童接触自然、了解自然的兴趣为目的，以开展动植物认知和环保相关知识的科普教育为主，包括森林科普探索、动植物认知等（图 7-11）。例如，福建三明赤头坂森林体验基地基于儿童的特征，以"童心之森"为设计主题，打造了一个沉浸式的自然体验场、童话般的森林游乐园，让少儿能够拥抱森林、飞扬童心。

(2) 青年适用型

青年适用型森林康养产品定位于鼓励青年探险、运动，增强体质，目的是使青年认识自然、感受生命活力。主要围绕青年群体的需求提供运动训练、心理恢复、亚健康调理等相关产品与服务，包括丛林秘境探险、户外体能拓展等（图 7-12）。例如，重庆仙女山国家

A.青蛙侍者（摄影：吴婷）　　　　　　B.蘑菇小屋（摄影：吴婷）

图 7-11　少儿适用型森林康养产品

A.自然教育（摄影：吴婷）

B.翼伞与山地赛车（四川省洪雅玉屏山森林康养基地供图）

图 7-12　青年适用型森林康养产品

森林公园森林康养基地开设的运动体验项目有 20 余项，包括骑马、乘坐小火车、CS 模拟训练营、国际风筝比赛等。

(3) 中年适用型

中年适用型森林康养产品以改善消极的身体或心理状态为导向，开展休闲运动、节庆活动、康体食疗等方面的活动，使康养者体验田园生活，寄情山水，舒缓疲惫倦乏的身心，主要包括森林浴、森林冥想等。例如，浙江千岛湖森林公园结合中年人群的需要，开发了森林浴、地形疗法、五感体验等康养产品。贵州茶寿山森林康养基地针对中年群体，建设百草药膳堂，充分利用茶寿山中天然生长的蒲公英、车前子、柴胡、金银花、野菊花、五倍子等，融中医疗养、中药材研学与旅游于一体，开展中医药健康旅游活动。

(4) 老年适用型

老年适用型森林康养产品以养生养老为主要目的，为中老年人提供养生康体服务、农林体验和文体活动，使其享受颐养生活，主要包括森林太极、森林药膳等。例如，福建龙栖山森林康养基地针对非失能老人、轻度失能老人、中度失能老人、重度失能老人，分别打造了游玩路线不同的康养产品。又如，贵州水东乡舍森林康养基地打造"常住养老更温暖、周末度假更健康、亲子陪伴更快乐"的"养老+田园生活"模式，发展"旅居养老"。同时，深化养老服务功能，将无障碍通道、适老化设施、一键呼叫等养老设施融入常住房中，结合明德草堂(开阳)养老服务中心、明德草堂中医院等优质的医疗服务，很好地满足了老年人的需求。

7.3.3 按照康养体验者健康水平分类

按照康养体验者健康水平，可将森林康养产品划分为健康人群适用型、亚健康人群适用型和非健康人群适用型3类(表7-5)。

表 7-5 按照康养体验者健康水平分类的康养产品

类 型	具体康养产品
健康人群适用型	森林风光体验、登山、森林骑行、森林露营等
亚健康人群适用型	森林瑜伽、森林冥想、森林漫步等
非健康人群适用型	健康监测、森林康复、森林理疗等

(1) 健康人群适用型

健康人群适用型森林康养产品主要针对以观光体验、休闲运动为主要目的的康养体验者，主要包括森林风光体验、登山、森林骑行、森林露营等。例如，贵州茶寿山森林康养基地在茶寿山5700亩山林中，打造了6条精品旅游路线和12.7km的森林康养步道，让康养体验者感受茶寿山森林秘境(图7-13)。又如，贵州水东乡舍森林康养基地打造农业体验及生产基地，为康养体验者提供农耕体验的同时，为富硒大米、富硒菜油等农产品生产提供保障(图7-14)。

图 7-13 森林康养步道(基地供图)　　图 7-14 农耕体验(基地供图)

(2) 亚健康人群适用型

亚健康人群适用型森林康养产品主要以调节亚健康人群的生理和心理状态为目的，主要包括森林瑜伽、森林冥想、森林漫步等。例如，福建三明大田县桃源镇赤头坂国有林场以长江三角洲为客源市场，打造失眠疗愈的森林疗养品牌特色，开发了冷泉浴、溪谷漫步、枝条浴、崖壁观赏、瀑布观赏、溯溪等活动。

(3) 非健康人群适用型

非健康人群适用型森林康养产品主要结合中医药养生学或现代医学等手段和理念，通过疗养的方式恢复康养体验者的身体健康，主要包括健康监测、森林康复、森林理疗等。例如，贵州茶寿山森林康养基地打造"现代医学+中医+食疗+森林康养"模式，把茶寿山纯净的空气、高浓度的空气负离子和植物精气、森林释放的太赫兹电磁波能量、原生态的中草药和富含锌、硒的有机食品及中医学的技术优势相结合，通过5G物联网+互联网医院远程诊疗服务，打造防、治、养结合的慢性疾病康复优化平台（图7-15）。

图7-15　慢性疾病管理平台与佰草药善堂（基地供图）

7.3.4 按照康养体验者参与时间分类

按照康养体验者参与时间，可将森林康养产品划分为短期型、中期型和长期型3类（表7-6）。

表7-6　按照康养体验者参与时间分类的康养产品

类　型	具体康养产品
短期型	森林观光、森林探索等
中期型	森林树屋、森林露营等特色住宿，森林药膳、森林美食节等特色活动
长期型	森林体验、健康追踪管理、森林康复等

(1) 短期型

短期森林康养产品以仅停留几个小时或当天往返的康养体验者为主要服务人群，主要围绕森林康养基地特色节点开展森林观光、森林探索等活动。

(2) 中期型

中期森林康养产品以停留2~3d的康养体验者为主要服务人群，主要以深入体验森林康养基地特色资源与产品为目的，开展森林树屋、森林露营等特色住宿，森林药膳，以及森林美食节等特色活动。

(3) 长期型

长期森林康养产品以停留7d或更长时间的康养体验者为主要服务人群，开展森林体验、健康追踪管理、森林康复等活动，康养体验者可以根据自身状况制订适合自己的健康管理计划。

7.4 森林康养基地产品推广

森林康养基地应依靠康养特色，开展高效、多形式的产品营销推广，提升森林康养品牌知名度。

7.4.1 产品试销与上市

当森林康养基地产品开发已初具规模，配套设施基本完善，具备一定的接待能力时，可以利用已有的服务项目，形成一定的康养产品组合，选择一定的目标市场进行试销。基地可以邀请一些业内人士提前体验康养产品，整理体验意见和建议，适当对康养产品进行完善后，再小范围、小规模地向普通康养体验者试销产品，并在试销过程中不断改进产品。

若森林康养产品在试销环节取得良好的市场反响，则可正式进入上市阶段。不同的森林康养产品适用的季节不同。对于季节性较强的新产品，如森林采摘、森林运动等，最好选择由淡季转旺季的时间上市，在这个时期，康养体验者人数逐渐上升，康养基地能够不断调整、适应，避免人数快速增加带来的经营应接不暇、服务质量下降等问题。在推动新产品上市的市场选择上，应将重点聚焦在本地市场和目标中心城市市场，这样可对周边市场产生较大的辐射作用，产品更容易取得市场的认可，形成口碑效应。

7.4.2 产品营销主题创建

森林康养基地要充分挖掘当地康养资源和文化底蕴，丰富基地文化内涵，形成独特吸引力；注重康养体验者消费需求、消费意愿、消费能力的调研，收集时尚、潮流和市场信息，以高度的商业意识和敏感度，并利用创新思维开发设计特色化与个性化产品；打造IP形象，并吸引媒体目光，提升基地曝光量，提升市场影响力。例如，福建泉州石牛山森林康养基地的"森居健出，快乐生活"主题、贵州茶寿山森林康养基地的"农林茶，文康旅"主题（图7-16）。在如今的体验经济时代，康养体验者更加关注符合自己身心需求和偏好的产品。基地应将营销重点从生态环境转向体验性旅游产品，更倾向于在营销过程中要触动康养体验者内心情感，使其自然融入情境并产生憧憬。例如，陕西龙头山森林公园推出春季踏青、盛夏避暑、深秋登高、寒冬赏雪的旅游系列主题，满足了不同层次康养体验者的森林康养爱好。

7.4.3 产品营销模式和策略选择

产品营销模式包括线上营销和线下营销。森林康养基地可以依托官方微博、微信公众号等现代网络营销平台，加强与康养体验者之间的沟通和交流，传递当地的特色产品信息，收集康养体验者需求，制订针对性强的产品开发、营销方案。同时，可以在目标市场地域进行广告营销，如发布地铁广告、公交站广告、电梯广告等，直接对目标人群进行基地特色与康养产品功能的推广，吸引重点目标人群。还有一些基地利用电影、电视剧、俱

图 7-16　贵州茶寿山森林康养基地茶文化主题产品（摄影：吴政香）

乐部等新形式进行产品宣传推广。例如，海南三亚亚龙湾热带天堂森林公园创新市场推广方式，先后参与拍摄了影视作品和热门综艺，通过影视作品和热门综艺的强大影响力，着力打造以热带雨林文化为主题的森林康养基地。又如，贵州茶寿山森林康养基地推广组织创建以"生态、康养、健康、长寿"为主题的各种健康旅游俱乐部，包括中医养生俱乐部、慢性疾病康复俱乐部、森林运动俱乐部、太极武术俱乐部、歌舞音乐俱乐部、摄影书画美术研习俱乐部、禅茶意境茶艺俱乐部等，为全民提供森林康养和中医药健康旅游的平台，同时积极主动与民政部门、社会团体及自发组织合作，将健康旅游和森林康养的理念传达并惠及每一位康养体验者。

康养资源丰富、区位条件优良的森林康养基地，应将目标人群瞄准高端消费群体，走高端品牌化营销战略，强化区域化、本地化营销，创新个性化、定制化营销。养生资源良好、区位条件良好的森林康养基地，应将目标人群瞄准中高档消费人群，产品定位和品牌推广以中端市场为主，开发适合在国庆节黄金周、寒暑假等开展的康养项目。区位条件不佳但康养资源丰富的森林康养基地，应将目标人群定位在有较多闲暇时间和有康养需求的群体，走高端、中端市场路线，针对目标群体进行专题策划、专项营销。区位条件优越但康养资源欠缺的森林康养基地，可将目标人群定位在中低端消费人群，以低端营销为主，开发适合在周末开展的森林康养项目（表 7-7）。

表 7-7　森林康养开发模式及营销策略

开发模式	开发条件	开发策略	营销策略
资源、区位双优型	康养资源丰富，区位条件优良	①开发资源品位高、康养文化价值高的产品；②引进和培养高端康养专业人才和服务人员；③高、中、低端产品和项目比例分别为 70%、20%、10%	①定位高端消费群体；②采用高档品牌化营销战略；③区域化、本地化营销；④个性化、定制化营销
资源、区位双良型	养生资源良好，区位条件良好	①适当增加相应生态化的人工景点；②优化内部游线交通；③增设康养旅游活动；④高、中、低端产品和项目比例分别为 20%、60%、20%	①定位中、高档消费群体；②产品定位和品牌推广以中端市场为主；③开发适合国庆节黄金周、寒暑假等开展的康养项目

(续)

开发模式	开发条件	开发策略	营销策略
资源优越型	区位条件不佳但康养资源丰富和突出	①重点改善外部交通状况和林区康养服务设施；②加强宣传推广，突出康养IP*，丰富活动内容；③高、中、低端产品和项目比例分别为40%、30%、30%	①定位于有较多闲暇时间和康养需求的群体；②走高、中端市场路线，针对目标群体专题策划、专项营销
区位优越型	区位条件优越，但康养资源欠缺	①提升森林资源品质，增加人工生态景观；②增加参与性、体验性和休闲性的康养活动项目；③高、中、低端产品和项目比例分别为10%、20%、70%	①定位中、低端消费群体；②以低端营销为主，开发适合周末开展的森林康养活动

资料来源：史云等，2019。

7.4.4　产品营销服务人员培训

森林康养产品营销离不开对营销服务人员文化素质、专业技能的培训。目前，产品营销服务人员培训主要有校企合作和产学研合作等方式，通过职业培训、行业技术交流等多渠道提高业务水平。

例如，贵州野玉海森林康养基地积极引进健康管理师和经验丰富的森林康养经营人才，积极探索现代经营管理模式，提升运营能力和管理水平。同时，基地与六盘水师范学院合作，探索适合本土化森林康养产业人才培养的培训体系，确保森林康养产业人才供给。又如，贵州茶寿山森林康养基地通过校企合作定向开设职业人才培训班，开展专业技术和技能培训，如与贵州省林产业联合会、森林康养创新联盟共同举办森林康养食疗培训班、中医国学培训班，与贵州省太极拳协会合作定期举办面向服务人员的"太极武术和道家养生大讲堂"等，为森林康养、园林绿化、森林经济、健康管理、康复护理、医技护理及服务管理人员提供技术支持。

7.5　森林康养基地产品开发案例

7.5.1　贵州水东乡舍森林康养基地产品开发

贵州水东乡舍森林康养基地位于贵州省贵阳市开阳县南江布依族苗族乡龙广村，距开阳县城25km，距贵阳市46km，距贵阳—开阳二级高速公路南江出口5km，地理位置优越。基地面积为2703亩，其中森林面积为2690亩，配套项目面积13亩。2020年获评全国第一批国家级森林康养基地。

基地践行"绿水青山就是金山银山"发展理念，有度、有序利用自然资源，坚持保护优先，开展林地建设，推进森林康养区提档升级。抢抓"适度放活宅基地和农民房屋使用权"

---

* 英文全称为intellectual porperty，所有成名文创作品的统称。

的政策机遇,积极探索宅基地所有权、资格权、使用权"三权分置",通过"三改一留"开发模式(闲置房改经营房、自留地改体验地、农户改服务员、保青山留乡愁),把农村闲置房屋、土地等"沉睡的资源"转化为乡村旅游产业资源。通过建立风险共担、利益共享的利益联结机制,将投资人、农户、平台公司的利益捆绑在一起,形成项目开发共同体,实现"三方"共赢。

目前,基地投运乡舍31栋,建设了星悦田园、稻田餐厅、康养庭院、富硒农耕体验园等,建成骑行绿道26km、皮划艇体验中心1个、荷花湿地公园1个、蜡染体验坊1个、酿酒体验坊4个、手工体验中心1个、农耕体验中心1个、养殖场1个。依托森林康养核心资源,通过配套项目及特色农业产业的联合打造,最终形成一个满足都市人回归"乡土"的需求,实现城市人才、知识反哺和促进乡村经济发展的特色康养旅游品牌(图7-17)。

A. 稻田餐厅

B. 星悦田园

C. 可借景资源

图7-17 贵州水东乡舍森林康养基地周边环境及产品(基地供图)

星悦田园是依托"十里画廊"的绿水青山资源,结合地方特色文化打造的一个以酒店为载体,集旅游、度假、康养、休闲等功能于一体的农旅深度融合的乡村振兴综合体项目,项目位于"十里画廊"核心景观的观景台处,项目业态包括星级观景酒店星悦坊,内设观景台(底窝坝2000余亩的田园风光尽收眼底)、客房、会议室、餐厅、休闲吧、健身中心、图书馆、书画室、SPA房、放映厅、购物中心、娱乐室、游泳池、儿童游乐区等,是休闲、聚会、狂欢、交流、静坐的理想场所。在星悦田园,还建设了集亚健康体检中心和名医调理中心于一体的森林康养健康管理中心,为森林康养提供配套服务支持。

稻田餐厅位于"十里画廊",背倚梯田,前临青龙河,风景如画。餐厅主打健康餐饮,食材均来自位于"十里画廊"的农产基地,当地最新鲜的有机食材结合当地大厨传统的制作手艺,既给康养体验者带来味觉上的完美体验,也让农产作物的价值能够真正回流农村。

7.5.2 浙江瑶琳国家森林公园森林康养基地产品开发

浙江瑶琳国家森林公园位于杭州市桐庐县瑶琳镇,始建于1993年,森林覆盖率达95%,主要由天峒山奇源景区和垂云通天河景区组成,是集溶洞、石林、密林等自然景观和人文景观于一体的生态型森林公园。2018年,公园申请森林疗养基地认证示范,2019年被浙江省正式命名(图7-18)。

图7-18 浙江瑶琳国家森林公园森林康养基地(摄影:张聪)

(1)康养产品类型与定位

康养产品类型:生命周期型、全时段型、全过程型。

品牌定位:逸·度假森林疗养。

市场定位:以温泉疗法为特色,提供中高端森林疗养服务。

目标人群:40~60岁人群(男女不限)。

适用时间:试行期半年,优化后可使用1~3年(在森林疗养基地年度考核时,根据实际需要进行优化)。

(2)森林康养课程菜单

①编制原则

核心要求——安全、安静、安心。

三因制宜原则——因时、因地、因人制宜。

五感统合原则——对五感的多元化运用。

循证医养原则——以森林医学为依据。

②菜单设计　菜单以瑶琳国家森林公园自然资源条件、综合服务设施以及基地的市场定位、服务人群为编制依据,凸显"山林、温泉、花果、中医"四大核心内容,采用了运动疗法、水疗、芳香疗法、园艺疗法、作业疗法、食疗等多种促进身心健康的疗养方式。菜单包括必选课程(表7-8)、可选课程(表7-9)及套餐课程(表7-10)3个部分,其中套餐课程为主要针对女性更年期问题、都市亚健康问题、中医慢性疾病调理的专项设计。

表 7-8 浙江瑶琳国家森林公园森林康养基地必选课程

必选课程	参考时长	活动简介	适合地点	推荐季节
森林漫步	60min	在森林疗养师的引导下，沿着森林疗养步道领略经医学认证的自然疗愈力	森林疗养步道	四季
五感漫步	—	五感统合	—	四季
赤足漫步	—	触觉	—	夏、秋
正念漫步	—	自我觉察	—	四季
森林夜游	—	探索发现	—	春、夏、秋
森林静息	30min	闭上眼睛，放松身体，做几次深呼吸，让心平静下来，感受当下森林赋予的美好	森林疗养步道沿线合适的场地	四季
森林坐观	30min	鸟瞰森林	高处观景平台	春、夏、秋
森林浴	60min	让皮肤沐浴在森林芬多精中，提高身体免疫力	森林浴场	春、夏、秋
放松练习	30min	在森林疗养师或专业指导师的指导下，有选择性和针对性地进行放松	森林疗养步道沿线合适的场地(需现场踏勘)	春、夏、秋
正念呼吸	30min	觉察呼吸与自我接纳(包括平衡呼吸、腹式呼吸、左右鼻孔交替呼吸等)	可躺、可坐的场地或配套设施	春、夏、秋

表 7-9 浙江瑶琳国家森林公园森林康养基地可选课程

可选课程	参考时长	活动简介	适合地点	推荐季节
森林运动	60min	传统太极拳习练、太极操习练、传统八段锦习练、养生瑜伽习练	活动平台	春、夏、秋
森林冥想	60min	通过各种冥想方式，在森林中调整身心平衡	森林疗养步道沿线合适的场地(需现场踏勘)	春、夏、秋
逸水水疗	60min	瑶琳天然温泉、凝脂香汤浴(花)、鲜果维C浴(果)、养生茶浴(茶)、古方药浴(药)	温泉中心、青桐水疗馆	四季
果蔬时光	60min	体验劳动和收获的愉悦，采摘绿色或有机水果，自制当季果蔬食品、酵素等	美庐菜道、水果基地	四季
花事锦盒	60min	花艺体验、DIY精油、纯露制作、香皂伴手礼制作等各种与花相关的体验活动	芳香园	四季
洞穴浴	—	主要针对60岁以上人群，主要是用于缓解哮喘、气管炎，对其他疾病如慢性阻塞性肺病、鼻炎、咽炎、支气管炎也有同样效果	溶洞	四季

(续)

可选课程	参考时长	活动简介	适合地点	推荐季节
森林宝藏	60min	通过讲解和体验，了解森林疗养，掌握康养相关的科普知识	森林康养步道沿线	
森林心理	60min	心理咨询与疏导、情绪释放疗法	室外	四季
中药养生食疗	—	定制营养膳食	美庐菜道	四季

表 7-10　浙江瑶琳国家森林公园森林康养基地套餐课程

套餐课程	时长	服务对象	套餐内容
套餐一	3天2夜	更年期女性	—
套餐二	3天2夜	都市亚健康人群	—
套餐三	3天2夜	慢性疾病患者	—

(3) 康养产品使用方法和注意事项

①使用方法　由森林疗养师根据康养体验者诉求、身体健康状况及体验时间等具体情况给出活动建议；康养体验者在森林疗养师建议的基础上进行活动调整和确认；由森林疗养师根据最终确定的内容编制完整的课程实施计划用于指导活动的开展。

②注意事项　每次开展的活动内容不宜过多，时间安排不宜过满，要给康养体验者留出自由时间；在森林里开展活动，谨记环保理念，尽量做到"无痕山林"要求；最大限度地利用森林里的资源(材料)，会使康养体验者感到更快乐。

7.5.3　日本山梨保健农园产品开发

日本山梨保健农园由知名建筑设计师设计，屋顶的绿化草坪、实木的骨架、传统手法的稻草泥土墙面，到处透着朴素和自然。依托先进的管理理念和当地丰富的自然资源，山梨保健农园已成为日本知名的健康管理机构。整个保健农园占地 6 万 m^2（不包括周边山林），农园内的森林疗养步道跨越了不同所有者的林地，经营企业与周边林地所有者达成协议，企业可以无偿使用这些森林。除了森林疗养步道之外，山梨保健农园还有药草花园、作业农园、宠物小屋等保健设施，健康管理设施相对完善，但是住宿部只有 13 个房间、45 个床位。

山梨保健农园实施预约制经营，客人大部分来自东京，主要以健康管理为目的，几乎没有以观光为目的客人。客人年龄集中在 20~40 岁，性别以女性为主。客人一般停留 2 天 1 夜，停留 3 天 2 夜的客人正在增加。每位客人一昼夜平均消费约 2 万日元，费用能够被日本中等偏上收入的人群所接受(图 7-19)。

健康管理课程是山梨保健农园的一大特色，分为套餐课程、实践课程和可选课程 3 类。

图7-19　日本山梨保健农园设施与坐禅课程（摄影：南海龙）

(1) 套餐课程

套餐课程面向所有住宿客人，无论客人住多久，都会为客人提供相应的健康管理服务。套餐课程分早、晚进行，早晨是调节心情，晚上是整理身体。课程费用已经包含在房费之内。

①唤醒瑜伽（早晨，60min）　在清晨第一缕阳光中做瑜伽，不仅可以活动筋骨，对内脏器官和神经系统也有良好作用。深吸一口森林中的新鲜空气，可以获得在都市中难以体会到的放松感。

②坐禅（早晨，60min）　闭目端坐，凝志静修。"坐"就是让身体安定，让精神集中，综合调整身体、气息和内心。通过坐禅，有意识地抛开个人喜恶，从而实现头脑清晰、思维有序、行动专一。

③身体清零（晚上，60min）　用健身球一边放松心情，一边寻找身体最放松、最舒适的姿势。通过内侧肌肉的物理锻炼，调整身体轴心，使得身心非常舒适。

④围炉夜读（20:00~22:00）　据说摇动的火苗具有使精神放松的作用。一天结束，围坐在炉火旁边，静静地发呆，或读一本喜欢的书，或与好友畅谈未来，可以自然而然地找回自我。

(2) 实践课程

实践课程主要面向长期停留的客人，住宿时间超过3天2夜的客人可以免费参加；如果客人只住一个晚上，则要收取课程费用。

①森林散步（早晨，60min）　早晨散步可以帮生物钟"对时"，能够激发身体的适应反应，使体内代谢按照一定节奏运行。

②森林作业（120min）　接触土壤，能够让人感觉与自然融为一体。季节不同，森林和农事体验的课程也不一样，有翻地、间伐、种菜等，每种活动都能与自然充分接触。

③田园料理（午前，120min）　用当地产的巨峰葡萄做果酱，柿子熟了后做柿子饼，康养者可以尽情体验田园料理的乐趣。

④观星（晚上，60min）　山梨保健农园设有观星台，还配备了天文望远镜。喝一杯温过的日本酒，远望深邃的天空，看流星划过，这是一种乐趣。

(3) 可选课程

可选课程属于收费课程，当天往返的客人也能够申请参加。

①芳香疗法　山梨保健农园里有一处药草花园，康养体验者可以采摘芳香植物蒸制精油。有资质的芳香治疗师会根据康养体验者体质调配精油，并给出健康管理建议，这些知识是康养体验者可以终身受益的。

②森林疗法　有资质的森林疗养师会组织康养体验者感受被认证过的森林疗养步道所具有的自然治愈力。

③自律神经平衡测定　山梨保健农园有一套仪器可以轻松测定自律神经平衡情况，并当场打印评估报告。

④一对一心理咨询　如果康养体验者压力过大、轻度神经质或是有生活习惯病，山梨保健农园的心理咨询师会通过冥想治疗等方式，给出最专业的解决方案。

⑤艺术疗法　艺术表现能够起到缓解精神压力的作用。康养体验者不需要画得好，只需自由地表达心情，以消除压力。

⑥芳香抚触　山梨保健农园有专门的按摩教室和按摩师，可以提供背部和足底按摩服务。这项疗法根据使用的精油不同而收费不同。

⑦小栖山徒步郊游　从山梨保健农园出发，一直走到海拔1713m的小栖山，然后从山顶远眺富士山。整个步行线路耗时约5.5h，康养体验者需自带食物。

实践教学

实践7-1　森林康养基地产品开发

1. 实践目的

掌握森林康养基地产品资料收集途径与方法，培养运用知识的能力和解决问题的能力。

2. 材料及用具

森林康养基地产品资料、调查记录表；计算机、手机。

3. 方法及步骤

(1)小组合作，收集某一森林康养基地产品开发资料。

(2)小组讨论，分析该森林康养基地产品发展现状。

(3)根据该森林康养基地产品发展现状，结合基地其他相关资料，小组协商，共同开发新产品1项。

(4)每个小组派一人汇报。

4. 考核评估

根据汇报内容及规划方案，采用小组互评及教师点评的方式进行考核评价。

5. 作业

小组合作完成森林康养基地产品设计方案，其余小组对方案进行评价并提出相关修改意见及建议。

知识拓展

日本森林疗养院实地考察记．南海龙．绿化与生活，2017(2)：22-26.

单元 8 森林康养基地环境监测

【学习目标】

知识目标
(1) 掌握森林康养基地的环境监测指标。
(2) 了解森林康养基地的环境监测方法。

技能目标
学会选择监测点，填写环境监测表格。

素质目标
培养实事求是的精神。

8.1 森林康养基地环境监测概念和意义

环境监测是指针对环境质量状况进行监视和测定的活动。狭义的环境监测，是指通过对污染物、污染源进行物理、化学指标的监测，从而确定环境污染状况；广义的环境监测，是通过对反映环境质量的指标进行监视和测定，以确定环境质量的高低，监测内容主要包括环境污染监测和生态监测。

所谓森林康养基地环境监测，就是建立系统的森林康养资源监测体系，运用现代科学技术，以间断或连续的形式定量地测定环境因子及其他有害于人体健康的因素，包括环境污染监测和生态监测中对森林康养基地的空气、地面水、土壤、噪声、生物多样性、森林植被、湿地等资源要素的监测。

森林康养基地的环境质量切实影响着康养活动的水平。对森林康养基地进行环境监测能够实时了解基地的环境情况，及时发现问题并解决问题，维持基地的良好生态环境，为康养活动提供优质的环境基础。

8.2 森林康养基地环境监测依据

环境标准是有关控制污染、保护环境的各种标准的总称，是国家为了保护人民的健康和社会财产安全，防治环境污染，促进生态良性循环，同时合理利用资源，在综合分析自然环境特征、生物的承受力、控制污染的经济能力，以及技术可行的基础上，对环境中污染物的允许含量及污染源排放的数量、浓度、时间、速率(限量阈值)和技术规范所做的规定。森林康养基地的环境监测主要依据以下相关标准和技术规范执行。

(1) 国家相关标准

《环境空气质量标准》(GB 3095—2012)
《声环境质量标准》(GB 3096—2008)
《地面水环境质量标准》(GB 3838—2002)
《土壤环境质量标准》(GB 15618—2018)
《污水综合排放标准》(GB 8978—1996)
《电离辐射防护与辐射源安全标准》(GB 18871—2016)
《声级计的电、声性能及测试方法》(GB 3785—1983)
《城镇污水处理厂污染物排放标准》(GB 18918—2002)
《环境监测质量管理技术导则》(HJ 630—2011)
《环境空气质量指数(AQI)技术规定(试行)》(HJ 633—2012)
《环境空气质量监测点位布设技术规范(试行)》(HJ 664—2013)

(2) 相关规范(规程)及规范性文件

《森林养生基地质量评定》(LY/T 2789—2017)
《森林生态系统服务功能评价规范》(GB/T 38582—2020)
《森林生态系统长期定位观测指标体系》(GB/T 35377—2017)
《空气离子测量仪通用规范》(GB/T 18809—2019)
《空气负(氧)离子浓度观测技术规范》(LY/T 2586—2016)
《空气负(氧)离子监测站点建设技术规范》(LY/T 2587—2016)
《环境空气质量自动监测技术规范》(HJ/T 193—2005)
《贵州省森林康养基地建设规范》(DB52/T 1198—2017)
《森林健康经营与生态系统健康评价规程》(DB11/T 725—2010)
《积分平均声级计》(GB/T 17181—1997)
《电声学声校准器》(GB/T 15173—1994)
《关于加强环境空气质量监测能力建设的意见》(环发[2012]33号)

8.3 森林康养基地环境质量要求

森林康养基地的环境质量要达到以下要求：

①周边无大气污染、水体污染、土壤污染、噪（音）声污染、农药污染、辐射污染、热污染等污染源。

②水质及使用　地表水环境质量和地下水环境质量达到《地表水环境质量标准》（GB 3838—2002）规定的Ⅲ类标准，污水排放达到《污水综合排放标准》（GB 8978—1996）规定的要求。合理利用地下水，包括矿泉水、温泉水等。

③空气负离子含量　平均值>1200 个/cm^3。

④空气细菌含量　平均值<500 个/m^3。

⑤$PM_{2.5}$浓度　达到《环境空气质量标准》（GB 3095—2012）的二级标准。

⑥声环境质量　达到《声环境质量标准》（GB 3096—2008）的Ⅱ类标准。

⑦环境天然贯穿辐射剂量水平　远离天然辐射高本底地区，无工业技术发展带来的天然辐射，无有害人体健康的人工辐射，符合《电离辐射防护与辐射源安全标准》（GB 18871—2016）的规定。

⑧大气环境质量　达到《环境空气质量标准》（GB 3095—2012）的三级标准。

⑨人体舒适度指数　一年中人体舒适度指数为 0 级（舒适）的天数≥150d。

⑩土壤质量　达到《土壤环境质量　农用地土壤污染风险管控标准》（GB 15618—2018）规定的二级指标。

⑪其他环境空气污染物　按照《环境空气质量标准》（GB 3095—2012）的二类区执行。

⑫森林健康环境　参照《森林健康经营与生态系统健康评价规程》（DB11/T 725—2010）执行。

8.4 森林康养基地环境监测原则、内容与方法

8.4.1 森林康养基地环境监测原则

(1) 真实性

要以负责的态度对待数据采集、传输、记录、存储以及统计处理等，所有有效数据均应参加统计和评价，不得选择性地舍弃不利数据以及人为干预监测和评价结果，以确保监测数据真实、准确。

(2) 实时性

在基地醒目位置显示监测数据，保证监测结果及时发布。

(3) 有效性

监测样点设置要科学、合理、具有代表性，实行定时、定点连续监测，以保证监测数

据的准确性、连续性和完整性,确保全面、客观地反映监测结果。

(4)严谨性

熟悉有关环境法规、标准等技术文件,秉持严谨、科学的态度,切不可以一次监测结果为依据对监测区的环境质量做出判定和评价。

8.4.2 森林康养基地环境监测主要内容

森林康养基地环境监测的内容分为两大类:一是环境污染监测,二是生态监测。此处仅讨论两类监测中影响森林生态功能变化的部分。

8.4.2.1 环境污染监测

主要对森林康养基地环境空气、声环境、水质和土壤3类对象进行在线监测(表8-1)。在实际操作中,可根据基地的实际情况增加监测指标。

表8-1 监测指标

监测对象	指标类别	监测指标	单位	监测频率
环境空气	负离子	负离子浓度	个/cm^3	连续监测
	空气污染物	SO_2浓度	μg/m^3	
		NO_2浓度	μg/m^3	
		CO浓度	mg/m^3	
		O_3浓度	μg/m^3	
		PM_{10}浓度	μg/m^3	
		$PM_{2.5}$浓度	μg/m^3	
	气象因子	空气温度	℃	
		空气湿度	%	
		大气压力	Pa	
		风速	m/s	
		风向	°	
		降水量	mm	
声环境	声环境	噪声	dB	
水质和土壤	水质	水温	℃	抽样监测
		浊度	FTU	
		酸碱度(pH)	—	
		溶解氧	mg/L	
		化学需氧量	mg/L	
		总需氧量	mg/L	
		总有机碳含量	mg/L	
		氟离子含量	mg/L	
		氯离子含量	mg/L	
		氰离子含量	mg/L	
		氨氮含量	mg/L	
	土壤	有毒金属化合物含量	mg/kg	
		非金属无机物含量	mg/kg	
		有机化合物含量	mg/kg	

(1) 环境空气监测

森林康养基地环境空气监测主要内容包含：负离子浓度、$PM_{2.5}$浓度、二氧化硫（SO_2）浓度、碳氢化物浓度、总悬浮颗粒物或飘尘浓度、一氧化碳（CO）浓度、臭氧（O_3）浓度、总烃浓度等。环境空气监测设备选址参考《环境空气质量监测点位布设技术规范（试行）》（HJ 664—2013）。

①负离子浓度　空气中负离子浓度是空气质量好坏的标志之一。空气中的负离子有很大的抗氧化效果与还原力，被誉为"空气维生素"，有利于人体的身心健康。空气中负离子浓度是吸引人们到森林中进行康养的重要指标。

②$PM_{2.5}$浓度　$PM_{2.5}$的危害很大，除心脏病、动脉硬化外，还会引起肺癌、支气管炎、哮喘等疾病。目前，在我国，24h $PM_{2.5}$平均浓度小于$75\mu g/m^3$为达标，各空气质量等级对应的24h $PM_{2.5}$平均值标准值见表8-2所列。

表8-2　各空气质量等级对应的24h $PM_{2.5}$平均值标准值

$PM_{2.5}(\mu g/m^3)$	空气质量等级	$PM_{2.5}(\mu g/m^3)$	空气质量等级
0~35	优	115~150	中度污染
35~75	良	150~250	重度污染
75~115	轻度污染	250及以上	严重污染

③其他环境空气污染物　二氧化硫、二氧化氮、一氧化氮、臭氧等也是影响森林康养基地空气环境的因素，按照《环境空气质量标准》（GB 3095—2012），其浓度限值低于一类区浓度限值。

以二氧化硫为例：空气中的硫化物很多，硫的氧化物以二氧化硫为代表，来自燃料燃烧、含硫矿石的冶炼、硫酸等化工生产排放的废气。在大气中，二氧化硫会氧化成硫酸雾或硫酸盐气溶胶，是环境酸化的重要前驱物，也是构成酸雨的主要物质。大气中二氧化硫浓度在$0.5cm^3/m^3$时，对人体已有潜在影响；在$1~3cm^3/m^3$时，多数人开始感到刺激；在$400~500cm^3/m^3$时，人会出现溃疡和肺水肿直至窒息死亡。二氧化硫与大气中的烟尘有协同作用。当大气中二氧化硫浓度为$0.21cm^3/m^3$，烟尘浓度大于$0.3mg/L$时，可使呼吸道疾病发病率升高，慢性疾病患者的病情迅速恶化。在大气对流层中SO_2平均浓度为$0.0006mg/m^3$，在污染城市SO_2平均浓度为$0.29~0.43mg/m^3$。

目前，大气污染连续自动监测技术已较成熟，我国大气自动连续监测的主要项目有二氧化硫、氮氧化物、总悬浮颗粒物或飘尘、一氧化碳、臭氧等。

常用的大气污染连续自动监测仪器主要有：二氧化硫监测仪、氮氧化物监测仪、一氧化碳监测仪、臭氧监测仪、总碳氢化合物监测仪、硫化氢监测仪、飘尘监测仪等。

(2) 声环境监测

我国目前采用的环境噪声自动监测系统较为成熟，大多数森林康养基地均采用，可进行不同声环境功能区监测点的连续自动监测。自动监测系统主要由自动监测子站和中心站及通信系统组成,其中自动监测子站由全天候户外传声器、智能噪声自动监测仪器、数据传输设备等构成。

①测量仪器　采用精度为2型及2型以上的积分平均声级计或环境噪声自动监测仪器,其性能需符合《声级计的电、声性能及测试方法》(GB 3785—1983)和《积分平均声级计》(GB/T 17181—1997)的规定,并定期校验。

②监测要求　测量前后使用声校准器校准测量仪器,示值偏差不得大于0.5dB,否则测量无效。声校准器应满足《声校准器》(GB/T 15173—1994)对1级或2级声校准器的要求。测量时传声器应加防风罩。

(3) 水质和土壤监测

森林环境与其他生态系统的环境不同。一般来说,森林环境比较稳定,受到外界进入的污染物影响时,环境因子变化慢,并有一定的缓冲作用。因此,对森林土壤与穿过森林的河流,只需在雨季和旱季各进行一次监测,并在早春当地主要树种展叶前和早秋树木落叶前分别进行一次补充测定。

①水质监测　依据水域环境功能和保护目标,地表水按功能高低依次划分为5类:Ⅰ类主要适用于源头水、国家自然保护区;Ⅱ类主要适用于集中式生活饮用水地表水源地一级保护区、珍稀水生生物栖息地、鱼虾类产卵场、仔稚幼鱼索饵场等;Ⅲ类主要适用于集中式生活饮用水地表水源地二级保护区、鱼虾类越冬场、洄游通道、水产养殖区等渔业水域及游泳区;Ⅳ类主要适用于一般工业用水区及人体非直接接触的娱乐用水区;Ⅴ类主要适用于农业用水区及一般景观要求水域。

水质污染的监测项目很多,综合指标的监测项目包括:水温、pH、浊度、电导率、溶解氧、生化需氧量、化学需氧量、总需氧量、总磷、有机毒物、金属毒物等。

目前,常用的水质污染连续自动监测仪器主要有:水温监测仪、电导率监测仪、pH监测仪、溶解氧监测仪、浊度监测仪、COD监测仪、BOD监测仪、TOC监测仪、紫外(UV)吸收监测仪、TOD监测仪、无机化合物监测仪等。

②土壤监测　监测的内容包括:有毒金属化合物、非金属无机物、有机化合物。

监测土壤污染项目前,可对监测地区进行调查研究,调查内容为区域的自然条件(包括地质、地貌、植被、水文、气候等)、土壤条件(包括土壤类型、剖面特征、分布及化学特征等)、农业生产情况(包括土地利用情况、农作物生长情况与产量、耕作制度、水利、肥料和农药的施用等)以及污染历史与现状。在调查研究的基础上,根据需要布设采样点,并挑选一定面积的非污染区作对照。每个采样点是一个采样分析单位,采样点处的土壤必须能够代表被监测的一定面积的地区或地段的土壤。

8.4.2.2　生态监测

对于森林康养基地而言,除基本的环境监测项目外,为了维持森林环境的健康稳定发展,还应进行生态方面的监测。以下分别从生物多样性和水土流失两个方面进行简要阐述。

(1) 生物多样性监测

一般认为,生物多样性包括基因和遗传多样性、物种多样性、生态多样性及景观多样性。其中,物种多样性和生态多样性是生物多样性评价的基础。森林康养基地生物多样性监测主要以植物群落为基本监测单元,监测物种及其变化的动态、群落(种群)物种组成的变化、群落(种群)变化与环境变化的关系等。监测方法有样方(地)法、样带法、遥感监测法。

①样方(地)法 是植被定位监测和调查的主要方法。样地面积可大可小,主要取决于植物分布的均匀程度和密度,一般草本群落样地面积为 $1\sim4m^2$,灌木群落样地面积为 $5m\times5m$,乔木群落样地面积为 $10m\times10m\sim20m\times20m$。监测的主要内容有:样方内每一物种的株数、高度、生物量、分盖度。灌木群落要监测样方内每种灌木的数量、株高、地径、分枝数、冠幅等。乔木群落要进行样方内每木检尺,测定树高,按树种分别统计。样方的选择有随机布点和机械布点两种方法。固定样方是指在一定的时期内多次进行调查的样方。一般一年监测一次,选择夏季(植物生长季节)进行监测。

②样带法 一般在环境变化较大、需要设置连续样方的条件下应用。样带宽度一般有 1m、2m 或 4m。样带长度应根据地形条件和生境条件(如坡向、部位等)设计,一般长度不大于 1km,尽量保持调查带内有较多的生境类型和群落类型。监测指标、频次等同样方(地)法。

③遥感监测法 运用 GPS(全球卫星定位系统)的地理数据测定每个样方的经度和纬度,然后根据卫星影像解析样方内植被种类和面积大小等数据。此方法仅适用于大范围和长时序的植被监测,同时由于数据源于卫星影像解析,因此相较于地面样方监测存在较大误差。主要用于植被覆盖度变化的监测。

(2)水土流失动态监测

水土流失动态监测是指对水土流失的发生、发展、危害及水土保持的效益进行长期的调查、观测和分析,摸清水土流失的类型、程度、强度与分布特征、危害及其影响情况、发生发展规律、动态变化趋势等。水土流失动态监测对水土流失综合治理、生态修复以及维持森林康养基地环境具有重要意义。一般可采用径流小区法和遥感监测法进行水土流失动态监测。

①径流小区法 是坡面水土保持监测的传统方法,监测的项目可以分为基本监测项目和选择性监测项目两大类。基本监测项目包括降雨量、降雨强度、降雨历时,径流量,侵蚀量,以及降雨前后土壤水分状况。对于监测结果,应按单次降雨、单日降雨、汛期降雨及全年降雨进行小区产流、产沙量的汇总和分析。同时,应定期监测下垫面土壤性质及土地利用状况的变化,包括土壤入渗性能、抗冲性、作物或林草植被覆盖度、冠层截留量及根系的固土效益等。随着人们对环境质量的日益重视,水土流失引起的面源污染也应成为水土流失动态监测的重要内容。因此,在有条件的地区应定期监测径流和侵蚀泥沙中的氮、磷、钾及有机质的含量,收集侵蚀泥沙样品,以供进行其他相关物理和化学测定。此外,应对降雨后细沟和浅沟的侵蚀量进行测量和推算。监测频次为每次降雨均进行监测。除人工监测外,目前也在逐步推广自动化监测。

②遥感监测法 全球定位系统(GPS)可以用于坡面的水土保持监测,特别是对坡面切沟的长期定位监测。利用高精度 GPS 在坡面上进行水土保持监测,其作业速度快、精度高且不受恶劣天气的影响。可利用基地监测点、水文站点、林草部门、环保部门等提供的气象数据、水文数据、土壤数据、数字高程模型(DEM)、遥感植被指数等,借助地理信息

系统(GIS)、RUSLE模型等手段，定量分析森林康养基地的整体土壤流失量等指标，预测基地内土壤变化情况，判断区域内是否存在地质危害风险，为森林康养基地的建设和运营提供科学的依据。

8.4.3 森林康养基地环境监测方法、设备及结果记录

8.4.3.1 森林康养基地环境监测方法

森林康养基地环境监测主要采用连续测定法，即运用各种现代化分析仪器和技术，对环境进行自动、连续地监测的一种方法。如利用激光雷达、红外线相机甚至人造地球监测卫星、通信卫星等进行环境监测。这种监测方法快速、灵敏、准确，而且连续、自动。随着科学技术的发展，在环境监测方面建立了多个自动化的监测系统。可根据森林康养基地环境质量要求建立自动监控系统，对基地各项环境指标进行动态监测，针对基地的空气、水质、土壤、噪声以及森林生态系统等环境因子提供监测数据。

8.4.3.2 森林康养基地环境监测设备

森林康养基地环境监测设备主要分为固定式和移动式(便携式)两种，但移动式监测设备往往达不到自动连续监测要求。各地对监测设备的要求有所不同。例如，根据《贵州省森林康养基地生态环境质量监测系统建设规范》，森林康养基地的环境监测设备一般以固定式监测设备为主。固定式监测设备常年固定安装在监测点，全天24h不间断地自动采集生态环境数据，并实时地往服务器无线传输数据。一般包括空气质量监测设备、负离子监测设备、气象观测设备、噪声监测设备等。

8.4.3.3 监测点选择

监测点的选择影响着环境监测结果的好坏，应选择整个监测区域内有代表性的区域作为监测点。森林康养基地环境监测的监测点选择应该注意以下几个方面。

①选择森林覆盖率高、森林环境较好的地区 这些区域是进行森林康养活动的重点场所，需要格外关注，实时掌握环境质量，以维持良好的康养环境。

②在水源附近(如瀑布、溪流等)设置 水源在森林环境中有着极其重要的地位，在水源附近设置监测点能有效监测水质、负离子浓度等指标。

③为了保证监测结果的科学性，避免出现大的误差，监测点周围20m内不得有致传感器观测值发生异常变化的干扰源(如高压电线、风机等)；监测仪器安装地点需保证气流通畅，不得有高的阻碍物；具有24h不间断、稳定的220V民用电源和较强的移动手机信号。

8.4.3.4 森林康养基地环境监测记录

在实际工作中，若不重视监测记录，会由于记录不完整使一批监测数据无法统计而作废。监测记录应包括以下事项：测定日期、测定时间、测定地点及测定人员；使用仪器型号、编号及其校准记录；测定时间内的气象条件(风向、风速、雨雪等天气状况)；测量项目及测定结果；测量依据的标准；测点示意图；其他应记录的事项。

8.5 森林康养基地环境监测数据应用方式

环境监测的过程中可取得大量数据，对数据进行处理和分析以及实现数据的可视化，有利于森林康养基地的建设及运营。森林康养基地环境监测数据最常用的应用方式有列表法、图示法、屏显法和智能大数据法。

8.5.1 列表法

将监测到的数据信息汇总到基地管理中心，分类汇总、整理为表格文件等形式，可以为基地的可持续开发提供科学依据，并为康养活动的开展提供参考。由于环境变化大多属于渐变，通过监测数据的多年积累，管理人员还可以观察环境的动态变化，发现其趋势和问题，为进一步制定环境保护对策提供依据。

8.5.2 图示法

为了使环境状况更为直观，特别是使非环境专业人员以及与环境问题有关的部门得到清晰与醒目的概念，可以根据时间、空间分布情况，用不同的符号、线条或颜色来表示各种环境要素的质量或各种环境单元的综合质量的分布特征和变化规律，所绘制的图形称为环境质量图。环境质量图是环境质量评价的结果。恰当的环境质量图不但可以节省大量的文字说明，而且具有直观、可以量度和对比等优点，有助于了解环境质量在空间上的分布情况和在时间上的发展趋向，这对于环境规划和制定环境保护措施都具有重要的意义。

在环境监测中，常用的环境质量图有分布图、时间变化图、相对频率图等（图8-1、图8-2）。

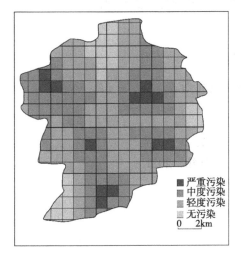

图8-1 环境质量分布示意图

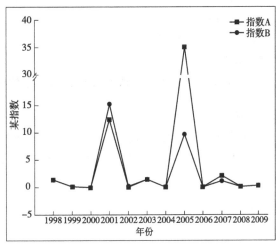

图8-2 某指数时间变化示意图

图 8-3 监测显示屏示意图
（绘图：王耀鑫）

8.5.3 屏显法

环境监测系统可以将环境实时监测和显示发布融为一体，让监测数据（空气负离子、$PM_{2.5}$、PM_{10}、温度、湿度、风速、风向、噪声等监测结果）实时显示在电子显示屏上（图 8-3），让康养体验者实时了解所处森林环境的现状。

8.5.4 智能大数据法

在大数据时代，森林康养基地可推进"森林康养+大数据"建设，依托森林康养生态环境指标监测平台，整合森林康养基地资源数据、地理信息数据、康养体验者信息数据等建立"智慧康养"数据服务平台。

实践教学

实践 8-1 森林康养基地环境监测设备参观

1. 实践目的

了解森林康养基地的主要环境监测设备，观察环境监测系统及其监测设备的运行情况，切身体验环境监测在森林康养基地中的应用，了解环境监测的意义。

2. 材料及用具

环境监测设备，调查记录表，水性笔。

3. 方法及步骤

(1)小组成员在森林康养基地中观察环境监测设备。

(2)小组成员在实践场所内观察并记录环境监测因子的测定结果。

(3)以小组为单位，整理记录内容，绘制环境监测因子的时间变化图。

4. 考核评估

根据完成过程和完成质量进行考核评价。

5. 作业

完成环境监测因子记录表和环境监测因子的时间变化图。

知识拓展

(1)环境监测．刘雪梅，等．南京大学出版社，2017．

(2)环境监测实验．张存兰，等．西南交通大学出版社，2021．

单元 9

森林康养基地安全风险管理

【学习目标】

👉 知识目标

(1) 掌握森林康养基地安全隐患的主要种类。
(2) 了解森林康养基地安全风险管理的主要举措。
(3) 初步掌握应对森林康养基地安全危机的方法。

👉 技能目标

能够应对森林康养基地安全危机。

👉 素质目标

树立保护自然、安全发展的意识。

安全是开展森林康养活动的前提。森林康养基地存在一定的不安全因素,主要来自两个方面:一是自然灾害风险,如地震、风暴、海啸、森林火灾;二是管理过程中存在的风险,如基地设施设备管理中的风险、人为引起的火灾、交通事故、康养活动中的风险等。森林康养基地必须按照我国《旅游安全管理办法》的要求,加强安全风险管理,提高安全风险管控能力。这是基地管理及运营必须考虑的首要问题。

9.1 森林康养基地安全风险类型及防范

9.1.1 自然灾害风险及其防范

森林康养基地自然灾害风险来自洪水、泥石流、滑坡、地震、雷电、火灾、林业有害生物等因素，有着不受人为控制、难以预测和灾害影响严重等特点。山地型和海滨型森林康养基地受自然灾害影响的可能性较大。森林康养基地在基地建设及康养活动中要尊重自然、顺应自然、保护自然，坚持"以人为本，避灾减灾"的原则，最大限度地减少自然灾害造成的人员伤亡和经济损失。

9.1.1.1 地质灾害风险及其防范

(1) 地质灾害种类

①山洪　在山区，由于降雨天气持续，降雨量大，可能引发山洪，同时可能诱发滑坡、崩塌，甚至滑坡、崩塌与山洪混合形成泥石流等。

②泥石流　在山区沟谷中，因暴雨或冰雪融化等水源激发的、含有大量泥沙和石块的特殊洪流。泥石流的形成必须同时具备以下3个条件：陡峻的便于集水、集物的地形地貌；丰富的松散物质；短时间内有大量的水流。泥石流在山区发生较多，对森林、公路、铁路、水利、水电工程的危害极大。

③滑坡　山区常见的一种地质灾害，是指斜坡上存在的软弱面或软弱带上的岩土物质做整体性下滑的运动。滑坡事件的发生往往就在一瞬间，具有群发性、多发性和间接活动的特点。2019年7月，贵州省某地发生特大山体滑坡，平均坡度约28°，垂直高差500~800m，宽度为200~600m，总长度约1100m，平均厚约5m，面积约40万 m^2，滑坡体积约200万 m^3，造成了很大危害。

④崩塌(崩落、垮塌或塌方)　较陡斜坡上的岩土体在重力作用下突然脱离母体崩落、滚动、堆积在坡脚(或沟谷)的地质现象(图9-1)。崩塌发生前一般会有以下前兆：一是崩塌体后部出现裂缝；二是崩塌体前缘掉块、土体滚落、小崩塌不断发生；三是坡面出现新的破裂变形甚至小面积土石剥落；四是岩质崩塌体偶尔发生撕裂摩擦错碎声。

图9-1　山体崩塌(摄影：谭军)

(2) 地质灾害预防

森林康养基地应采取措施，积极做好地质灾害预防工作，以最大限度地减少地质灾害风险，确保康养体验者的安全。

①地质灾害风险评估　基地建设前开展地质灾害风险评估，避开地质灾害风险性较大的灾害易发地，根据评估结果选择基地相关设施的位置。

②监测地质变化　在开展康养活动期间，保持对地质环境的监测，特别是监测降雨后地表是否出现裂缝、泥石流迹象等，及时清除松动危岩，避免落石、滚石造成危害。

③关注天气预报　地质灾害的发生往往与天气条件密切相关，特别是降雨量较大时易引发滑坡。在开展康养活动前，应及时查看天气预报，并注意特别警告或预警信息。夏汛时节在山区峡谷开展康养活动时，不能在大雨后或接续阴雨天气进入山区沟谷。

④选择安全区域　在开展康养活动前，对基地进行勘察，选择远离悬崖、陡坡等潜在

滑坡风险区域的安全地点，避免在易受滑坡影响的区域露营或停留。

⑤应对应急情况　组织康养体验者参加地质灾害应急演练，培训其应对滑坡等地质灾害的基本技能，如迅速撤离危险区域、准备足够的应急物资（如急救箱、食物、水源等），以备在遭遇地质灾害时能沉着应对。

9.1.1.2　雷击风险及其防范

(1) 雷击的危害

雷电对人体的伤害表现在电流的直接作用和超压或动力作用以及高温作用。人遭受雷击的一瞬间，电流迅速通过人体，重者可导致心跳、呼吸停止，脑组织缺氧而死亡。另外，雷击时产生的火花会造成不同程度的皮肤灼伤。

雷电危害的方式有4种：直接雷击、接触雷击、旁侧闪络和跨步电压。发生直接雷击时，雷电直接击中人体，可能导致死亡；接触雷击则是当雷电击中其他物体时，人体接触到带电物体导致电流流入身体，可能导致短时麻痹或死亡，相比直接雷击伤害较轻；旁侧闪络是指雷电击中附近物体产生高电位，通过物体传导或感应导致闪击放电对人体造成伤害；跨步电压则是当雷电电流流入大地时，地表电位分布呈喇叭形，若人站在电位差较大的地面上，可能导致遭电击伤害甚至死亡。

(2) 雷击的预防

森林康养基地应严格按照《中华人民共和国气象法》《中华人民共和国行政许可法》《气象灾害防御条例》《防雷减灾管理办法》等法律、法规的有关规定，做好防雷减灾工作。

①坚持安全第一、预防为主、防治结合的原则，落实"管行业必须管安全、管业务必须管安全、管生产经营必须管安全"责任。

②基地建设时，应根据地质、土壤、气象、环境、被保护物的特点，在雷电易发区安装雷电防护装置，向当地气象主管部门报建和接受验收。

③定期由有资质的专业防雷电检测机构检测基地防雷设施，评估防雷设施是否符合有关规定。

④加强防雷电知识的宣传教育，提高相关人员防雷电安全意识。根据本地气象灾害特点，组织开展气象灾害应急演练，提高应急救援能力。

⑤关注天气预报，基地内及时发布特别警告或预警信息。

⑥在雷雨季节，尽量不组织室外活动。

⑦制定雷电灾害应急预案，在短时间内做到组织领导到位、技术指导到位、物资资金到位、救援人员到位，确保高效妥善处理灾情。

(3) 雷击的救治

如果有人员遭雷击，应该一边进行急救，一边拨打急救电话120，将受雷击者就近送往医院治疗。

①现场急救方法如下：如果受雷击者身上着火，应该使其马上躺下扑灭火焰，也可往其身上泼水，或者用厚外衣、毯子裹住以扑灭火焰。

若受雷击者虽失去意识，但仍有呼吸和心跳，则自行恢复的可能性很大，应让其舒适平卧，再送往医院治疗。

如果受雷击者已经陷入昏迷，呼吸停止，应使其就地平卧躺下，解开衣扣，立即进行心肺复苏抢救，直到受雷击者恢复呼吸和心跳为止。抢救过程中不要随意移动受雷击者。若的确需要移动，抢救中断时间不应超过30s。

②将受雷击者送往医院时，除应使其平躺在担架上并在背部垫以平硬的阔木板外，还要继续采取急救措施，在医护人员接替前急救措施绝对不能中止。

③在将受雷击者送往医院的途中，要注意给其保温，若伤者出现狂躁不安、痉挛抽搐等症状，要为伤者做头部冷敷。对电灼伤的伤口或创面，不得用油膏或不干净的敷料包敷。

9.1.1.3 森林火灾风险及其防范

广义上讲，凡是失去人为控制，在林地内自由蔓延和扩展，对森林、森林生态系统和人类带来一定危害和损失的林火行为，都称为森林火灾。森林火灾是森林的首个安全隐患，对森林康养基地而言是具有毁灭性的灾害。2020年，盘水市妥乐古银杏景区山体发生山火，导致景区内山体出现多次飞火，大片山林沦为火场。火势一度威胁到妥乐AAAA级国家风景名胜区、妥乐国际会议中心、400多户国家级传统村落民房、2000余株千年古银杏树、西来寺以及两栋景区旅游酒店的安全。

(1) 森林火灾分级及标准

森林火灾分为特别重大火灾、重大火灾、较大火灾和一般火灾4个等级。

①特别重大火灾　指造成30人以上死亡，或者100人以上重伤，或者1亿元以上直接财产损失的火灾。

②重大火灾　指造成10人以上、30人以下死亡，或者50人以上、100人以下重伤，或者5000万元以上、1亿元以下直接财产损失的火灾。

③较大火灾　指造成3人以上、10人以下死亡，或者10人以上、50人以下重伤，或者1000万元以上、5000万元以下直接财产损失的火灾。

④一般火灾　指造成3人以下死亡，或者10人以下重伤，或者1000万元以下直接财产损失的火灾。

（注："以上"包括本数，"以下"不包括本数。）

(2) 森林火灾预防与扑救

①森林火灾预防　森林防火工作实行预防为主、积极消灭的方针。

森林火灾的引发因素主要有气候因素和人为因素两种。据统计，近10年已查明起火原因的森林、草原火灾中，人为原因引发的占97%以上。因此，严防火源上山是预防森林火灾的第一要务。

建立严密的应急机制，加强防火物资的储备，对防火物资进行日常维护；建立一支防火护林队伍，日常加强巡查，对容易发生山火的危险天气，如干旱、大风、高温低湿天气，在正午(12:00~14:00)重点监测，提前预警。

各地各级政府高度重视森林防火工作，出台了许多管理规定，要严格执行。如贵州省对进入林区提出严格遵守森林防火"十不要"规定，重点在于加强野外用火的安全，严格禁止携带火种进山、野外用火，加强对人为火源的管理。

单元 9　森林康养基地安全风险管理

> **小贴士**
>
> **森林防火"十不要"规定**
>
> ● 不要携带火种进山。森林火灾是森林最危险的敌人，会给森林带来最有害、最具有毁灭性的后果。
>
> ● 不要在林区吸烟。一个小小的烟头，足够点燃一片绿色的森林，不能抱有侥幸心理。
>
> ● 不要在山上野炊、烧烤食物。在林区升起的每一簇小火苗，都有可能是伤害绿色生态环境的杀手，不要贪图自己的方便而忘了保护我们的家园。
>
> ● 不要在林区内上香、烧纸、燃放烟花爆竹。提倡文明祭扫，一个不经意的火星，也许就会成为一场灾难的开始。
>
> ● 不要炼山、烧荒、烧田埂草、堆烧等。极易引发山林火灾，不仅破坏了生态环境，还直接威胁到人民生命和财产安全。
>
> ● 不要让特殊人群和未成年人在林区内玩火。监护人应加强教育管理，切实负起责任。
>
> ● 不要在野外烧火取暖。这类火源容易使人麻痹大意，如果遇到大风天气，容易引燃周围的植被，极有可能引发森林火灾。
>
> ● 不要在乘车时向外扔烟头。烟头虽小，但其表面温度一般都在200~300℃，中心温度可以高达700~800℃，比较容易引燃森林植被。
>
> ● 不要在林区内狩猎，放火驱兽。
>
> ● 不要让老、幼、弱、病、残者参加扑火抢险。

②森林火灾扑救　森林扑火要坚持"打早、打小、打了"的基本原则。一旦发生或发现森林火灾，应及时拨打森林火警电话12119报警。扑救森林火灾应当以专业火灾扑救队伍为主要力量，严禁组织个人盲目扑火。组织群众扑救队伍扑救森林火灾的，不得动员残疾人、孕妇和未成年人以及其他不适宜参加森林火灾扑救的人员参加。扑救森林火灾时，应当坚持以人为本、安全第一、科学扑救，及时疏散、撤离受火灾威胁的群众，并做好火灾扑救人员的安全防护，尽最大可能避免人员伤亡。

(3) 森林火灾避险常识

当森林康养活动过程中发生山火时，要果断决策，迅速突围，带领康养者迅速撤离，或卧倒避火，以保障康养者的人身安全。

①快速转移　当发现大火袭来，凭人力无法控制时，应迅速组织转移到安全地带，避免发生人员伤亡。

在撤离时，以下地带极为危险，须避开：

沟谷地带　一是火灾产生的飞火容易引燃附近山林，包围人员；二是火焰燃烧时耗费了大量的氧气，使谷底空气含氧量下降，会使人员窒息而死(图9-2)。

峡谷地带　火在峡谷处燃烧的速度极快，在峡谷地带十分危险。

支沟地带　如果主山沟发生了火灾，应立即从支山沟向安全地带撤离。

鞍形场地带 当风越过山脊鞍形场（即两山山脊相隔不远且山谷与山脊的高度相差不大之处），容易形成水平和垂直旋风，会对人员造成伤害（图9-3）。

依次增高的山场 当火的前方有依次增高的山群时，火灾向前方发展迅速，很快会蔓延至几个山头，尽快撤离是关键。

图9-2　沟谷地带（摄影：范毅）　　　　图9-3　鞍形场地带（摄影：范毅）

②卧倒避火　在无其他方法避火时，可选择就近的河沟、无植被或植被稀少的平坦地带，两手放在胸前，俯卧避烟（火）。卧倒避烟（火）时，为防止被烟雾伤害，可用湿毛巾捂住口、鼻，并扒一个土坑，紧贴湿土呼吸。

9.1.1.4　林业有害生物风险及其防控

(1) 林业有害生物危害现状

林业有害生物是指对林业植物及其产品造成危害或者构成威胁的动物、植物和微生物。林业有害生物种类繁多，重大危险性病虫害不断出现，被称为"不冒烟的森林火灾"。2021年，全国林业有害生物呈高发频发态势，局地成灾，全年发生面积1255万 hm^2，威胁着森林康养基地的安全与发展。

(2) 重大危险性病虫害

根据《中华人民共和国植物检疫条例》和《植物检疫条例实施细则（林业部分）》的有关规定，2013年国家林业局公布了《全国林业检疫性有害生物名单》和《全国林业危险性有害生物名单》，其中全国林业检疫性有害生物有14种，全国林业危险性有害生物有190种。此处主要介绍以下几种：

①松材线虫病　1982年，在南京中山陵首次发现松材线虫引起黑松大量枯萎死亡。目前，该病已严重威胁到安徽黄山、浙江杭州西湖等风景名胜区的安全，以及整个中部及南部的大面积松林。

对松材线虫病的防治主要采取清理病死木、杀灭天牛成虫、熏蒸处理病死木和加强对疫区病木的检疫等措施，这些措施对防止该病的迅速蔓延起到重要作用。

②美国白蛾　美国白蛾于1979年传入中国辽宁，其繁殖力强、食性杂（可危害200多种寄主）、适生范围广、传播速度快，是一种引起严重损失的危险性食叶害虫。

对美国白蛾的防治以自然（天敌）控制为主，辅以人工剪网、围草把等物理措施和化学防治措施，基本上达到虫在树上不成大灾或虫不下树、不进田的效果。

③松突圆蚧 松突圆蚧于20世纪70年代末从美国传入中国广东,到1988年已扩展至广东18个县(市)的51万 hm² 松林,引起14万 hm² 马尾松枯死,对松林造成很大威胁。针对该虫,从日本引进花角蚜小蜂防治,取得了成功,有效地控制住该虫的发生与蔓延。

④马尾松毛虫 马尾松毛虫发生于中国13个省(自治区、直辖市),常年发生面积达200万~330万 hm²,减少木材生长约300万 m³,是发生面积最广、危害最为严重的森林害虫。经过几十年的研究,目前已建立了一套比较完整的马尾松毛虫预测预报体系和防治措施,通过虫情监测,应用白僵菌和苏云金杆菌等生防制剂控制林间虫口数量,已在全国范围内基本控制住马尾松毛虫的泛滥成灾,但局部地区的暴发成灾仍时有发生。

(3)林业有害生物风险防控原则与措施

林业有害生物风险防控应坚持"预防为主、科学防控、综合治理、分类施策"的原则,实行政府主导、部门协作、属地管理、社会参与的工作机制。

森林康养基地应坚持可持续发展的理念,从林业有害生物被动防治转向为主动防控。在营林的各个环节,如选种、育苗、选地、造林、经营、抚育及采伐中,注意减少有害生物来源,协调各种生物之间的关系,保障树木的健康生长,提高树木抗性。可采取以下措施:按照所在地的林业有害生物防控规范对森林进行管护,清除传播媒介;及时伐除严重感染的林木和受害严重的过火林木,并及时将伐除的林木运出,清理现场;对感染病虫害的基地木材,应当立即施药;对经常发生病虫害的森林,应当使用物理措施、生物措施、化学措施相结合的系统工程方法进行综合防治。

总之,自然灾害的风险管理重在预防,森林康养基地需与地质、气象、应急管理等政府职能部门和社会组织建立紧密联系,做到早发现、早处理,将灾害风险降到最低。

9.1.2 森林康养基地管理过程中的风险及其防范

9.1.2.1 设施设备风险及其防范

森林康养设施设备安全性主要涉及3个方面:康养活动及游憩场地选址的安全性,健身运动设施及场地的安全,森林康养路网的安全性。森林康养设施设备风险防范主要从两个方面入手:一方面,在建设的初期,根据地质条件及气候环境合理进行规划,提前预估设施设备建设风险;另一方面,在设施设备运行过程中预判设施设备管理风险,采取防范措施。

(1)设施设备合理规划

①康养活动及游憩场地选址的安全性 森林康养基地建设的过程中应合理选择场地,进行规划建设。康养活动及游憩场地的选址应按《地质灾害危险性评估规范》(GB/T 40112—2021)要求开展安全性评估,分析显性和隐性安全隐患,根据地质条件及气候环境合理进行规划,确保基地环境安全。

②健身运动设施及场地的安全性 健身运动设施应符合安全标准,安装牢固,定期维护;室外健身运动场地应远离机动车道、人流密集的通道,健身运动场地外侧应预留一定的缓冲区,以减少意外伤害,缓冲区内不应有任何突出地面的固定障碍物。

③森林康养路网的安全性 森林康养道路规划需要因势利导,场地标高宜高于该路段路面标高,避免地面径流冲刷,道路选线及标高设置应考虑防洪需求。道路铺装材料应选用防滑材料,但不宜过度粗糙,应避免尖角;主要森林康养道路均应设置无障碍通道及设

施。基地步道的建设需要兼顾康养体验者的安全,在必要的地方增设围栏及扶手。护栏设施应高于120cm,且要采用不易攀登的构造(图9-4)。道路沿途建立风险提示,将安全隐患消灭在萌芽状态。如建立导览图避免迷路,河边、索桥、步道等设立危险提示及步行距离提示等(图9-5、图9-6)。

图9-4 康养步道路面材料与护栏(摄影:王鸿)

图9-5 康养导览图(摄影:范毅)

图9-6 运动距离提示(摄影:李新贵)

(2) 设施设备管理风险预判

在基地管理中,须定期检查安全措施及落实情况,及时预判排除安全隐患。坚持"安全第一,预防为主,实行综合治理"的原则。一是综合考虑设施设备的系统安全性,通过对设施设备、操作和维护等方面的检查,确定设施设备的符合性和潜在风险;二是针对设施设备主要危险和有害因素以及可能导致的危险和危害后果,提出消除、预防和减轻的措施对策,制订相应的安全管理方案;三是落实专人负责,设备管理人员根据设备状况和使用寿命,预判检修周期和检修内容。

在基础设施建设中,尤其要注意房屋建筑的抗震要求,充分考虑防火、用电安全和防雷击,防患于未然。

9.1.2.2 康养项目风险及其防范

安全问题是基地和从业人员必须关注的首要问题,是康养活动的首要前提和根本保障。康养项目风险涉及两个方面:一是意外伤害风险。在活动过程中,康养体验者可能因为摔倒、滑倒、被野生动物攻击等意外事件而受伤。二是健康风险。长时间户外活动可能会使康养体验者受到蚊虫叮咬、植物过敏等健康问题的困扰。

(1) 森林康养项目安全性评估

在开展森林康养项目前,要对活动内容进行安全性评估,以确保项目参与人群的安全。

①活动环境评估 对康养活动场所的环境(包括地形地貌、植被类型、气候条件、野生动植物等)进行评估,以确定是否存在地质灾害、危险生物(毒蛇、马蜂等)等潜在风险。

②设施设备评估 对康养活动所使用的设施设备(包括住宿设施、活动用具、交通工具等)进行评估,确保其安全可靠(图9-7)。

图9-7 游船与索道设施(摄影:谭军)

③活动内容评估 对康养活动的具体内容(包括徒步旅行、露营等)进行评估,确定活动过程中可能存在的安全风险和隐患。

④人员素质评估 对参与康养活动的人员(包括领队、导游、教练以及康养体验者)的素质和技能水平进行评估,确保其具备应对突发情况的能力。同时,根据不同人群的年

龄、身体状况充分考虑活动的项目并做好必备的安全防护。

⑤应急预案评估　对康养项目的应急预案(包括灾害应对预案、急救救援预案等)进行评估，确保在发生突发情况时能够迅速有效地应对。如对蛇、虫、有毒有害植物等因素，提前做好预案，准备必备的药材。

(2) 安全预防措施

安全预防措施包括加强安全教育、做好提示提醒、完善应急预案、了解康养体验者身体素质等，以确保森林康养基地开展康养活动的安全性和可持续性。

①加强安全教育　提供必要的户外安全知识，加强康养体验者的自我保护意识，避免因康养体验者自身行为导致安全事故发生。例如，随意扔弃烟头、野外用火等行为均会引发山林火灾。

②做好提示提醒　康养基地对森林中有毒、有刺、果实易被误食的植物(图9-8)应加以提示或提醒，尽量避免种植或直接清除这类植物。

图9-8　有毒植物——曼陀罗(摄影：李新贵)

③完善应急预案　对活动沿线进行排查，对于野外的蛇、毒虫、马蜂、有毒有害植物等因素，提前做好预案，准备必备的药材；为康养体验者提供必要的安全装备，如防护帽、防护服等，以减少意外伤害的发生。

④了解康养体验者身体素质　森林环境为安全风险提供了温床及恣意扩大的空间。因个人体质的问题，康养体验者在森林中可能会出现过敏，引发呼吸道疾病或身体不适，不仅达不到康养的目的，反而适得其反。因此，应提前了解康养体验者的身体素质，避免危险发生。

9.1.2.3　其他风险及其防范

对于突发公共卫生事件和公共安全事件等社会公共事件，若处置不当，会引发基地人群健康受威胁、群体恐慌、拥挤踩踏等事故，因此需要引起足够的重视。例如，重大传染病疫情、群众性不明原因疾病、重大食物中毒事件等，能否有效控制，在很大程度上取决于基地管理的规范性。

在森林康养基地建设过程中，需按照国家相关政策的要求制定相应的应急预案，完善相关管理制度，特别是疫情防控和食品、用水安全保障及垃圾有害物质处置等方面的制度，以便风险来临时能及时、有效地采取措施保障康养体验者的生命安全。

> **小贴士**
> 　　根据《突发公共卫生事件应急条例》，突发公共卫生事件(以下简称突发事件)，是指突然发生，造成或者可能造成社会公众健康严重损害的重大传染病疫情、群体性不明原因疾病、重大食物和职业中毒以及其他严重影响公众健康的事件。参加突发事件应急处理工作的人员，应当按照安全应急预案的规定，采取卫生防护措施，并在专业人员的指导下进行工作。

9.2　森林康养基地安全管理主体和措施

森林康养基地安全管理要遵循全过程管理原则，包括安全风险管控、安全事件应对、安全事件后续处理3个环节。从成本与影响的角度看，安全风险管控是森林康养基地安全管理中最有效的环节，能够把安全事故消除在萌芽中。当安全事故发生后，基地各职能部门和人员要第一时间按照安全应急预案采取措施及时处理，尽可能减少人员损害与财产损失。安全事故处置完毕，要总结经验教训，完善应对措施。

9.2.1　森林康养基地安全管理主体

森林康养基地安全管理主体包括3个层次：内层是基地，中间层是康养体验者，外层是政府和社会组织。

基地负责安全管理的部门是基地安全管理的核心角色，在基地负责人的领导和指挥下承担安全管理中计划、协调、控制等职能，基地其他部门则承担协调、配合职能。康养体验者在参与基地康养活动的过程中，通过遵守安全规范、提出改进安全措施等行为参与基地安全管理。在安全管理全过程中，基地与政府相关职能部门相互沟通、协调，加强基地安全风险管控，并充分利用社会专业组织的知识和技能，提升安全管理水平。

9.2.2　森林康养基地安全管理措施

(1)制定规范的管理制度

明确森林康养基地的安全责任，规范康养体验者及康养引导人员的行为，对康养体验项目进行研判，排除风险隐患，营造安全的体验环境。建立安全管理机构，配备必要的安全工作人员，配足物资和经费。当危害发生时，有组织地由负责安全管理的工作人员进行及时引导，避免危害加重。

(2)建立预警体系

从风险评估预警、监测预警、信息预警、管理预警和培训预警5个方面建立预警体系。对基地建设和运营过程中可能存在的风险进行评估，对运营过程中的各种活动进行监测、收集、整理和分析各种信息，强化安全培训。

(3) 制定安全应急预案

应急预案是指为应对潜在的或可能发生的事故(件)或灾害，保证迅速、有序、有效地开展应急与救援行动，预先制定的降低事故损失的相关救援措施、计划或方案。应急预案是开展应急救援行动的指导性文件和实施指南，是标准化的反应程序，可以使应急救援活动按照计划有效地进行。

森林康养基地应当根据生态承载力、安全等因素确定康养接待人数容量，制定突发事件应急预案和旺季疏导康养活动人员方案。应急预案需要在基本预案的基础上进行编制（基本预案一般是对公众发布的文件，《国家突发公共事件总体应急预案》和《旅游突发公共事件应急预案》是我国旅游区应对突发公共事件的基本预案，森林康养基地同样需要执行此要求。康养产业属于旅游业的范畴，需遵循相关规定）。

应急预案的制定要求包括科学性、实用性、周密性、可行性、权威性。重点要素如图9-9所示。

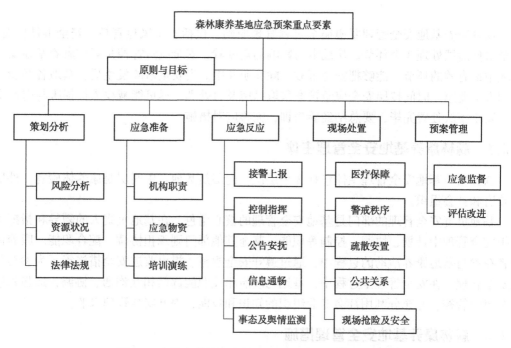

图9-9　森林康养基地应急预案重点要素(绘图：范毅)

实践教学

实践9-1　森林火灾安全演习

1. 实践目的

能够开展森林火警的预防处置、人员安全撤离安全演习。

2. 材料及用具

烟幕弹1枚、对讲机2部。

3. 方法及步骤

(1) 小组成员分工, 承担相关职责, 及时处置火警。

(2) 组织人员安全疏散。

(3) 以小组为单位, 总结人员安全疏散注意事项。

4. 考核评估

根据完成过程和完成质量进行考核评价。

5. 作业

完成安全疏散注意事项总结。

知识拓展

(1) 中华人民共和国森林病虫害防治条例. 中华人民共和国国务院, 1989.

(2) 森林防火条例. 中华人民共和国国务院, 2008.

单元 10 森林康养基地认证与申报

【学习目标】

知识目标

(1) 了解森林康养基地认证要求。
(2) 掌握森林康养基地申报程序。
(3) 掌握森林康养基地申报材料编制方法。

技能目标

能够根据要求编制森林康养基地认证与申报材料。

素质目标

培养严谨科学、实事求是的精神。

10.1 森林康养基地认证

认证是一种信用保证形式,是指由认证机构证明产品、服务、管理体系符合相关技术规范、强制性要求或者标准的合格评定活动。

10.1.1 认证的类型

(1) 按强制性程度分类

按强制性程度,认证分为强制性认证和自愿性认证。

①强制性认证　包括中国强制性产品认证(CCC认证)和官方认证。CCC认证是中国强制要求的对在中国大陆市场销售的产品实行的一种认证制度。无论是在国内生

产还是从国外进口,凡列入 CCC 目录且在中国大陆市场销售的产品均需获得 CCC 认证[除特殊用途的产品外(符合免于 CCC 认证的产品)]。CCC 认证由国家认可的认证机构实施。

官方认证即市场准入性的行政许可,是国家行政机关依法对列入行政许可目录的项目所实施的许可管理。凡是需经官方认证的项目,必须获得行政许可方可进行生产、经营、仓储或销售。食品质量安全(QS)认证和药品生产质量管理规范(GMP)认证均属于官方认证。

②自愿性认证　是组织或企业根据本身或顾客以及其他相关方的要求自愿申请的认证。自愿性认证多是管理体系认证,也包括企业对未列入 CCC 认证目录的产品所申请的认证。我国自愿性管理体系认证包括 12 类:质量管理体系认证、环境管理体系认证、职业健康安全管理体系认证、HACCP 认证、食品安全管理体系认证、汽车生产件及相关服务件组织质量管理体系认证、能源管理体系认证、售后服务体系认证、品牌认证、CQC 认证、节能产品认证、中国环保产品认证。

(2) 按认证对象分类

根据《合格评定　产品、过程和服务认证机构要求》(GB/T 27065—2015),将产品、服务和管理体系并列为 3 类合格评定对象。根据认证对象,可将认证分为产品认证、服务认证和管理体系认证 3 类。

产品认证是由可以充分信任的第三方证实某一产品符合特定标准或其他技术规范的活动。

服务认证是针对服务的认证。目前,国家认证认可监督管理委员会批准的服务认证有:商品售后服务评价体系认证、体育场所服务认证、汽车玻璃零配安装服务认证等。其中,商品售后服务评价体系认证是目前服务认证涉及数量最多、涉及面最广的服务认证,凡在中国境内注册的生产、贸易、服务型企业均可申请认证。

管理体系认证是由取得质量管理体系认证资格的第三方认证机构,依据正式发布的质量管理体系标准,对企业的质量管理体系实施评定的活动。评定合格的,由第三方认证机构颁发质量管理体系认证证书,并给予注册公布,以证明企业质量管理和质量保证能力符合相应标准或有能力按规定的质量要求提供产品。

以上 3 类认证,在认证对象、认证目的、认证准则、认证方式、认证模式、认证标志的使用上存在明显的差异(表 10-1)。

表 10-1　按认证对象分类的认证类型

项　目	产品认证	服务认证	管理体系认证
认证对象	组织(或企业)提供的产品	组织(或企业)提供的服务	组织(或企业)的管理体系
认证目的	证明某一产品符合相应标准和技术规范	证明特定服务符合规定要求,或组织(或企业)兑现了服务承诺	证明组织(或企业)建立的管理体系符合特定要求
认证准则	产品标准、技术规范	服务规范、标准、服务承诺	管理体系标准

(续)

项　目	产品认证	服务认证	管理体系认证
认证方式	评审、检测、测量、检查、设计评估、服务和过程评价、确认等	观察、评审、检验、检测、验证、确认等	对记录的评审、反馈、面谈、观察、测试、审核后的评审等
认证模式	a. 型式试验；b. 型式试验+获证后监测[市场和(或)生产企业抽样检验]；c. 型式试验+生产企业质量管理体系评定+获证后监督[质量管理体系复查+生产企业和(或)市场抽样检验]；d. 质量管理体系评定+获证后的体系复查；e. 批量检验；f. 100%检验	包括但不限于：a. 服务特性检验或检测(统称测评)，包括公开和神秘顾客(暗访)两种方式；b. 顾客调查(功能感知)；c. 既往服务足迹检测(验证感知)；d. 服务设计审核、服务审核以及它们的组合	a. 文件审核；b. 现场审核
认证标准的使用	可用于产品或产品铭牌上	可用于服务产品、服务平台、服务合同等	可用于组织介绍和各种宣传品上，但不能直接用于服务或产品上

10.1.2　认证的目的和作用

(1) 认证的目的

认证的目的在于提高产品、服务质量和管理水平，从而提高组织或企业的竞争能力。社会上对认证的信誉总体看法是"好"或"很好"，认证成为供方的重要评价依据。企业普遍认同认证价值，对认证信心度较高。

(2) 认证的作用

认证的作用体现在以下几个方面：指导消费者选购满意的商品；给销售者带来信誉和更多的利润；帮助生产企业建立健全有效的质量管理体系；节约大量检验费用；国家可以将推行产品认证制度作为提高产品质量的重要手段；实行强制性的安全认证制度是国家保护消费者人身安全和健康的有效手段；提高产品在国际市场上的竞争能力。

(3) 森林康养基地认证的作用

森林康养基地认证的作用体现在以下3个方面：

①对公众　可以让公众了解森林康养对身心的改善效果有哪些，什么是合理的康养环境，以及哪些基地更值得信赖。

②对周边社区居民　增强对绿色低碳、简约舒适生活方式的认可，提升自豪感。

③对经营者　有利于多样化的森林康养课程的编制，有利于可持续的运营管理机制的形成，有利于盈利。森林康养基地对森林康养素材、环境条件、接待能力都有质和数量要求，需要通过认证来评估基地的森林康养素材和康养手段，评价基地的气候、景观等自然环境条件和污染控制能力，评估基地康养设施和接待能力，基于康养步道开展循证医学研究，并在上述工作基础上，指导建立基地的森林康养课程体系和运营管理体系，以确保基地能够提供高质量的服务。

10.1.3 国外森林康养基地认证

(1) 国外森林康养基地认证概况

自 19 世纪 40 年代德国在巴特·威利斯赫恩镇创立世界上第一个森林浴基地以来,优良的森林环境对人体健康的维护和促进作用日益受到国际社会和各国政府的高度重视。2007 年,日本成立森林医学研究会,建立了世界上首个森林养生基地认证体系。截至 2019 年,日本共认证了 3 种类型的 63 处森林疗养基地,每年近 8 亿人次到基地进行森林浴。韩国共营建了近 400 处自然休养林、森林浴场和森林疗养基地,制定了完善的森林疗养基地标准,建立了森林疗养服务人员资格认证和培训体系。此外,法国中部的奥弗涅地区实施了森林向导随行指导的森林浴项目;瑞士为了提高国民健康水平,开发、修建了 500 多处森林运动场所;英国在众多森林中开辟了健康步道。

(2) 国外森林康养基地认证指标

日本森林疗养协会建立的森林疗养基地认证体系包括森林环境有效、规划设计合法、森林康养设施建设完善、森林康养服务健全、运营维护得当 5 个方面(图 10-1)。

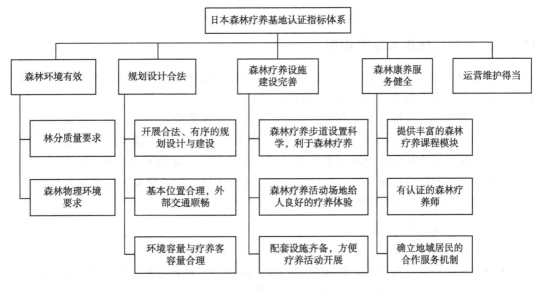

图 10-1 日本森林疗养基地认证指标体系

10.1.4 国内森林康养基地认证

借鉴日本的经验,国内倾向于将森林康养基地认证作为一种服务认证,同时可以合理借鉴医药、旅游等行业的认证体系,充分结合政府主导、企业主体的模式进行有效发展。

目前,国内森林康养基地建设与认证仍处于起步阶段。北京、湖南、四川、贵州、浙江、广东等省份率先开展了森林疗法的实践探索。广东省于 2011 年在石门国家森林公园规划建立了森林浴场。四川省启动了森林康养示范基地建设,并于 2015 年召开了中国(四川)首届森林康养年会。2016 年,国家林业局公布了率先开展全国森林体验基地和全国森林养生基地试点建设单位名单,共 18 个试点建设单位,覆盖 13 个省(自治区、直辖市)。

2018年，贵州省林业厅制定并发布《贵州省省级森林康养基地管理办法》和《贵州省省林康养基地评定办法》，2021年评定省级森林康养试点基地78个。2020年6月，国家林业和草原局、民政部、国家卫生健康委员会、国家中医药管理局联合发文公布96个国家森林康养基地，其中以县为主体的经营单位17个，以经营主体为单位的国家森林康养基地79个。

中国林业产业联合会森林康养分会是国家林业和草原局直属、经民政部批准的全国性非营利社会团体，先后牵头制定并发布了《全国森林康养基地建设标准》《国家森林康养基地认定标准》《森林康养基地认定实施细则》和《森林康养基地命名办法》4项团体标准，作为国家森林康养基地的认定规则和标准。截至2021年12月，全国共认定国家级森林康养试点建设基地1321家，包括国家级全域森林康养试点建设市9个、国家级全域森林康养试点建设县(市、区)93个、国家级全域森林康养试点建设乡镇102个、国家级森林康养建设基地958个、中国森林康养人家159家。省级、市级森林康养基地数量突破3000个。

10.2 森林康养基地申报与认定

10.2.1 省级森林康养基地申报

省级林业主管部门负责省级森林康养基地的管理和监督工作，市、县级林业主管部门负责本行政区域内省级森林康养基地的相关工作。

以贵州省为例，省级森林康养基地采取先试点后评定的方式，国家级、省级试点基地发布1年后，可申报省级森林康养基地，3年未申报省级森林康养基地的单位取消省级试点资格。贵州省林业局对省级森林康养基地实行动态管理，定期开展监测与评价(每3年进行一次运行监测评价，第一次运行监测评价在基地被评定为省级森林康养基地后的第三年进行)，建立竞争和淘汰机制。

10.2.1.1 申报条件

申报省级森林康养试点基地要同时具备以下条件：

①应有具规划设计资质的单位编制的基地总体规划，规划应符合《贵州省森林康养基地规划技术规程》(DB52/T 1197—2017)和《贵州省森林康养基地建设规范》(DB52/T 1198—2017)的有关要求。

②申报的试点基地经营状况良好，有自营或合作经营的相当于三星级及以上酒店或乡村精品客栈，年接待康养人次5万人次以上，年收入300万元以上。

③应制定运营推广、技术培训和防灾与安全救助等管理办法。

④对贫困地区的试点基地或其他地区的具有创新性、独特性的试点基地，原则上可适当放宽申报条件。

10.2.1.2 申报材料

申报省级森林康养试点基地应提供以下材料：

①贵州省森林康养试点基地建设申报表；

②省级林业主管部门批准的基地总体规划，以及基地相关照片和视频资料；

③申报单位统一社会信用代码（复印件）；

④试点基地区位交通分布图、森林资源现状分布图、功能分区图和总体布局图（显示比例）；

⑤试点基地空气质量现场抽样检测报告；

⑥试点基地林权证或林权流转协议（复印件）；

⑦试点基地无违法使用林地、近3年来无违法案件、未被行政处罚等情况承诺书，以及土地使用合法性手续、基地面积和权属证明材料（复印件）；

⑧试点基地运营基本情况，包括住宿、餐饮、设施、设备、人员、森林康养产品、年接待康养人次、经营收入及相关管理制度等。

10.2.1.3 申报程序

①申报单位将有关材料提交所在区域县级林业主管部门，并对申报材料的真实性负责；

②县级林业主管部门出具初审意见后向市级林业主管部门推荐，并对推荐意见和材料的真实性负责；

③市级林业主管部门对申报材料进行复审，签署意见后向省级林业主管部门推荐。

（注：若申报单位为省级林业主管部门直属单位，向省级林业主管部门直接申报。）

10.2.1.4 基地评定

省级森林康养基地每年评定一次，评定专家委员会办公室受理申报材料的时间为每年的8月，评定时间为每年的9~10月。省级林业主管部门委托评定专家委员会，对推荐的试点基地采取审查申报材料、实地核查、集体合议等方式进行审核，提出评定意见。

①审查受理　评定专家委员会对申报材料进行初步审查，符合申报条件的，组织专家开展实地核查。

②评定内容　包括森林康养基地风景资源质量及现状。

③评价标准　根据基础条件、运营管理、设施建设、康养产品、经济和社会效益5项指标进行评定（附录1），合计得分60分以上为合格。

④评定意见　评定专家委员会出具评定意见，向省级林业主管部门提出省级森林康养基地建议名单。

⑤省级林业主管部门对省级森林康养基地建议名单进行审核，并面向社会公示5个工作日。若公示无异议，则发文公布，颁发"贵州省森林康养基地"牌匾。

10.2.2 国家级森林康养基地认定

按照2018年国家林业局发布的《森林康养基地质量评定》（LY/T 2934—2018）和《森林康养基地总体规划导则》（LY/T 2935—2018）两项行业标准，以及2020年中国林业产业联合会发布的《国家级森林康养基地标准》（T/LYCY 012—2020）、《国家级森林康养基地认定实施规则》（T/LYCY 013—2020）、《国家级森林康养基地认定办法》（T/LYCY 014—2020）、《森林康养基地命名办法》（T/LYCY 015—2020）等团体标准，为进一步加快全国森林康养产业持续、稳定、健康发展,中国林业产业联合会森林康养分会每年根据各省(自治区、直辖市)申报情况,开展国家级森林康养试点建设单位的认定工作。

10.2.2.1 总体要求

要充分利用和发挥现有设施功能,适当"填平补齐",避免急功近利、盲目发展,实现规模适度、物尽其用。不搞大拆大建,不搞重复建设,不搞脱离实际需要的超标准建设。符合国家公园、自然保护区、自然公园等自然保护地的相关规定,不存在违法建设的别墅等基础设施。选址科学、安全,功能分区合理,建设内容完整,特色优势突出。

10.2.2.2 申请主体

(1)市、县(市、区)、乡(镇)人民政府。

(2)具有法人资格的国有、集体、民营或混合股份制的各类企事业单位(包括森林公园、湿地公园、风景名胜区、自然保护区、林场、生态产业园区、生态露营地、户外体育基地、自然教育基地、温泉度假村,养生、养老、休闲、拓展、中医药旅游基地,美丽乡村、森林乡村等相关产业投资、管理、运营法人单位)。

(3)经工商或民政部门登记注册的生态休闲农庄、特色民宿、专业合作社、专业大户、家庭林场、生态农场、森林人家等经营实体。

(4)其他具有法人资格的森林康养产业相关建设经营实体等。

10.2.2.3 认定要求

(1)自然资源条件要求

①具备一定规模的森林资源,并符合《森林康养基地质量评定》(LY/T 2934—2018)的规定;基地具有面积不小于$50hm^2$的集中区域,基地及其毗邻区域的森林总面积不小于$1000hm^2$,基地内森林覆盖率大于50%。

②具有独特的自然景观、地理和气候资源、名胜古迹[包括古树名木、古屋、古桥、古道、古街(巷)]、历史渊源、民族特色以及丰富的林下经济产品和中药材资源。

③经营区域内森林资源与生物多样性的保护措施完善,3年内未发生过严重破坏森林资源的案件或森林灾害事故。

④林区天然环境健康、优越,负离子浓度高,周边无大气污染、水体污染、土壤污染、辐射污染、热污染、噪声污染等污染源。

(2)基础设施条件要求

①具备良好的交通条件。外部连接公路至少达到三级标准,距离最近的机场、火车站、客运站、码头等交通枢纽不超过2h车程,可达性较好;基地内部道路体系完善。

②康养步道、康养酒店、康养中心、芳疗中心、运动康复中心、康养配套设施等布局合理,导引系统完备,无障碍设施完善。

③水、电、通信、接待、住宿、餐饮、垃圾处理等基础设施全,符合行业标准并能有效发挥功能。

④应正在建设或已经规划建设:森林康养设施(如森林浴场、森林康养步道、森林康养中心等);中医药康养设施(如中医药养生馆及禅修冥想、温泉药浴、药膳食疗、康复理疗场所等);自然教育体验设施(如科普馆、自然体验径、森林学校等);运动体验设施

(如运动健身、登山、森林马拉松、攀岩、滑索、跳伞、蹦极、漂流、冰雪运动等体验设施);休闲度假体验设施(如自驾车宿营地、房车营地、度假民宿、森林木屋等)。

(3)森林康养产品丰富

①有具备森林康养特色的森林食品、饮品、保健品及其他相关产品的种植、研发、加工和销售等产业。

②有具备一定特色的森林康养项目,如食疗、音疗、芳疗、香疗、药浴、禅修、冥想、太极、八段锦等。

③具备以森林康养为主题的文学、摄影、美术、诗歌、自然教育、持杖行走、森林马拉松、太极、瑜伽等文化和体育产品,森林康养文化体验与教育多样。

④具备围绕"养身、养心、养性、养智、养德"的森林康养服务套餐,且形成了不同时长(如3天2夜、4天3夜、5天4夜等)不同主题(排毒养颜、减压舒压、自然教育、亚健康调理等)的服务产品体系。

(4)管理机构和制度健全

①有一定数量经过森林康养专业培训的服务人才(如森林康养师、森林运动康养师、森林康养疗法师等)和运营管理人才。高度重视专业人才的培训和引进,积极参与森林康养相关专业培训和行业交流。

②森林康养餐饮、康养活动、住宿服务等管理流程、技术规范或服务标准健全。

③有具合格资质的安全保障专业服务队伍和较为完善的安全保障服务体系。

④编制了森林康养基地发展规划或建设实施方案,现有设施设备按规划实施。

(5)信誉良好,带动能力强

①土地权属清晰,无违规违法占用林地、农地、沙地、水域及滩涂等行为,基础配套设施建设合法合规,经营主体依法登记注册,3年内无重大负面影响。

②具备一定规模的接待能力,经济、社会效益明显,带动当地就业和增收效果明显,有效推动乡村振兴,社会反响好。

10.2.2.4 认定程序

(1)报送材料

①申请单位填报国家级森林康养试点建设单位认定申请表,有特色的部分可以在申请表以外增加相应内容说明。要求提交电子版一份,纸质版一式三份(A4纸装订)。

②森林康养专项规划文本(方案)。要求提交电子版一份。

③时长8min以内的高清(1920×1080P)影像资料。资料内容以介绍申请单位的资源与文化条件、交通条件、接待能力、管理服务能力等为主,并配1600字以内的解说词。

④基地图片,包含基地实景图片(3张,包含大全景图片、特色景点图片、标志建筑图片等)、基地酒店图片(3张,包含酒店全景图片、客房实景图片、特写实景图片等)、基地特色森林康养项目图片(3张,包含养生温泉图片、康养中心图片、康养活动图片等)、基地团队合照(2张,康养服务人员工作实景图片、基地团队合照)。以上所提供图片需版权归属于申请单位。

⑤合规用地承诺函以及自查报告,并附上土地利用备案、审批、使用佐证材料。

⑥工商或民政部门登记注册证书复印件和其他必要附件材料。

注：以上材料应合装成册。

(2) 按程序申请

①各申报单位将完整的申报资料报送当地县级林业主管部门，由县级林业主管部门盖章推荐报送省级林业主管部门或行业协会。

②省级林业主管部门或行业协会进行初审，将符合条件的申报单位列入推荐名单，以正式文件或便函发至中国林业产业联合会。

③省级主管部门不明确或没有行业协会的，申报单位可将申报材料直接报送中国林业产业联合会审理。

(3) 专家审查认定

中国林业产业联合会森林康养分会负责组织林草、民政、卫生健康、中医药、文旅、规划等部门的专家对推荐名单内申请单位的申请材料进行综合审查[分为预审查、审查(必要时进行现场查验)]，提出审查意见。

(4) 审查结果公示

为确保审查公开、公平、公正，根据专家的审查意见，对达到森林康养试点建设要求的申报单位，在相关网站进行公示，公示期为7个工作日。

(5) 名单公布

公示无异议后，中国林业产业联合会发文予以公布。

实践教学

实践10-1　省级森林康养基地申报书编制

1. 实践目的

学会编制省级森林康养基地申报书。

2. 材料及用具

学校或森林康养基地相关资料，申报表格，水性笔。

3. 方法及步骤

(1) 根据前期实践过程中的调查资料，小组成员讨论编制省级森林康养基地申报书相关事宜。

(2) 小组编制省级森林康养基地申报书。

(3) 每个小组安排一人汇报。

4. 考核评估

根据完成过程和完成质量进行考核评价。

5. 作业

团队完成省级森林康养基地申报书编制。

知识拓展

浅析日本森林康养政策及运行机制. 王燕琴，陈洁，顾亚丽. 林业经济，2018，40(4)：108-112.

参考文献

柏方敏，王明旭，2017. 湖南森林康养发展新探索[J]. 国土绿化(1)：14-17.
柏智勇，吴楚材，2008. 空气负离子与植物精气相互作用的初步研究[J]. 中国城市林业(1)：56-58.
曹婧，杨思宇，陈轶群，2020. 认证机构自行开展的自愿性产品认证情况调研[J]. 大众标准化(23)：128-129.
曹佩佩，2020. 基于近自然理念的森林康养基地设计策略研究[D]. 北京：北京林业大学.
陈红霞，罗杰，曾少波，2020. 森林康养对健康促进作用研究进展及实施路径[J]. 健康研究，40(5)：500-503，508.
陈其兵，江明艳，吕兵洋，等，2019. 竹林康养研究现状及发展趋势[J]. 世界竹藤通讯(5)：1-8.
陈思清，2020. 适老性森林康养基地设计研究[D]. 北京：北京林业大学.
陈雄伟，陈楚民，2021. 森林康养规划设计[M]. 北京：中国农业出版社.
邓三龙，2016. 森林康养的理论研究与实践[J]. 世界林业研究，29(6)：1-6.
杜莹，王洪俊，2019. 森林康养基地森林资源的开发与保护对策[J]. 现代农业科技(1)：139-140.
冯鹏飞，于新文，张旭. 2015. 北京地区不同植被类型空气负离子浓度及其影响因素分析[J]. 生态环境学报，24(5)：818-824.
冯甜，2020. 基于儿童活动特征的森林体验基地规划设计研究——以福建省三明市赤头坂国有林场为例[D]. 北京：北京林业大学.
郭诗宇，汪远洋，陈兴国，等，2022. 森林康养与康养森林建设研究进展[J]. 世界林业研究，35(2)：28-33.
郭毓仁，2002. 园艺与景观治疗理论及操作手册[M]. 台北：中国文化大学景观研究所.
胡远，2019. 森林生态服务认证与森林康养的路径研究[J]. 农家科技(5)：193.
侯英慧，丛丽，2022. 日本森林康养政策演变及启示[J]. 世界林业研究，35(2)：82-87.
黄练忠，杨进良，徐庆华，等，2019. 城市森林群落林冠结构与林下光环境的关系[J]. 中南林业科技大学学报，39(9)：53-58.
贺庆棠，1999. 森林环境学[M]. 北京：高等教育出版社.
蒋泓峰，2018. 森林康养[M]. 北京：中国林业出版社.
赖启福，林碧虾，2016. 森林露营地的类型[J]. 森林与人类(10)：26-31.
李卿，2013. 森林医学[M]. 北京：科学出版社.
李权，张惠敏，杨学华，等. 2017. 大健康与大旅游背景下贵州省森林康养科学发展策略[J]. 福建林业科技(2)：152-156.
李树华，2011. 园艺疗法概论[M]. 北京：中国农业出版社.
李树华，2018. 2017中国园艺疗法研究与实践论文集[M]. 北京：中国农业出版社.
李文军，李慧，2019. 辨析"森林康养"与"森林疗养"[J]. 现代园艺(20)：174-176.
李新贵，郭金鹏，彭丽芬，2022. 贵州省森林康养产业人才培养现状及其发展建议[J]. 农技服务，39(1)：104-108.
李新贵，罗惠宁，彭丽芬，等，2020. 贵州省茶园森林康养基地建设SWOT分析[J]. 林业调查规划，45(2)：178-181，194.
李煜，曾尹瑾，周仕林，2019. 探索基于产业融合机制的四川森林康养产业发展模式[J]. 大众投资指南(16)：207.

柳丹，叶古茂，俞益武，2012. 环境健康学概论[M]. 北京：北京大学出版社.

刘泽英，2017. 张建龙在首届中国森林康养与医疗旅游论坛上提出森林康养应为"健康中国"作出贡献[J]. 林业与生态(1)：11-12.

刘思思，乔中全，金天伟，等，2018. 森林康养科学研究现状与展望[J]. 世界林业研究，31(5)：26-32.

刘正祥，张华新，刘涛，等，2006. 我国森林食品资源及其开发利用现状[J]. 世界林业研究(1)：58-65.

刘晓生，庄东红，吴清韩，等，2015. 固相微萃取技术分析两种芳香植物精气成分及与其精油成分的比较[J]. 西北师范大学学报：自然科学版，51(2)：58-65，84.

刘朝望，王道阳，乔永强，2017. 森林康养基地建设探究[J]. 林业资源管理(2)：93-96.

刘照，王屏，2017. 国内外森林康养研究进展[J]. 湖北林业科技，46(5)：53-58.

刘敏佳，2019. 湖南省森林康养基地景观规划研究[D]. 长沙：湖南农业大学.

马少华，2022. 森林康养产业理论内涵现实逻辑及发展模式[J]. 农业与技术，42(10)：172-175.

马双炯，屠倩雯，2021. 中国强制性产品认证概述[J]. 电子产品可靠性与环境试验，39(4)：102-107.

马娅，2019. 森林康养产业：林业供给侧改革新路径[J]. 中国林业经济(6)：90-92，125.

马娅，2019. 云南省森林康养产业发展对策探析[J]. 中国林业经济(2)：102-104，132.

马志林，曹双成，张怀科，2017. 榆林市沙漠森林康养基地建设思考[J]. 陕西林业科技(5)：73-75.

南海龙，2017. 日本森林疗养院实地考察记[J]. 绿化与生活(2)：22-26.

南海龙，刘立军，王小平，等，2016. 森林疗养漫谈[M]. 北京：中国林业出版社.

南海龙，王小平，刘立军，等，2018. 森林疗养漫谈Ⅱ[M]. 北京：中国林业出版社.

聂敬娣，张俊华，黄波，2021. 城市热岛效应对人体健康影响研究综述[J]. 生态科学(1)：200-208.

潘洋刘，徐俊，胡少昌，等，2019. 基于SWOT和AHP分析的森林康养基地建设策略研究——以江西庐山国家级自然保护区为例[J]. 林业经济，2019(3)：40-44，59.

束怡，楼毅，张宏亮，等，2019. 我国森林康养产业发展现状及路径探析——基于典型地区研究[J]. 世界林业研究，32(4)：51-56.

史云，董劭璇，殷海萍，等，2019. 森林康养模式研究[J]. 合作经济与科技(4)：12-15.

陶智全，2016. 森林康养[M]. 成都：天地出版社.

谭益民，张志强，2017. 森林康养基地规划设计研究[J]. 湖南工业大学学报，31(1)：1-8.

唐娜，邓玉婉，李忻怡，等，2022. 室外热舒适影响因素研究进展与启示[J]. 现代园艺(6)：192-194.

唐泽，2017. 城市森林群落结构特征的降温效应[J]. 应用生态学报，28(9)：2823-2830.

吴楚材，吴章文，2007. 森林环境资源与森林旅游产品开发——理论与实践[M]. 北京：中国旅游出版社.

吴楚材，吴章文，罗江滨，2006. 植物精气研究[M]. 北京：中国林业出版社.

吴后建，但新球，刘世好，等，2018. 森林康养：概念内涵、产品类型和发展路径[J]. 生态学杂志，37(7)：2159-2169.

王成，郭二果，郝光发，2014. 北京西山典型城市森林内$PM_{2.5}$动态变化规律[J]. 生态学报，34(19)：5650-5658.

王春波，田明华，程宝栋，2020. 中国森林康养需求分析及需求导向的产业供给研究[M]. 北京：中国林业出版社.

王华鑫，2020. 森林康养基地规划设计研究——以福建永安天斗山森林康养基地规划设计[D]. 北京：北京林业大学.

王燕琴，陈洁，顾亚丽，2018. 浅析日本森林康养政策及运行机制[J]. 林业经济，40(4)：108-112.

谢潇萌，2020. 以失眠疗愈为导向的森林疗养基地规划设计研究——以大田县赤头坂国有林场为例[D]. 北京：北京林业大学.

向前，2015. 发展森林康养产业的几点思考[N]. 巴中日报，2015-11-22.

姚建勇，张文凤，2021. 贵州大生态背景下森林康养模式与路径探索[J]. 林业资源管理(5)：27-32.

闫静茹，岳东林，2021. 光环境视觉舒适度及光环境对人体健康影响研究综述[J]. 照明科学(9)：47-49.

杨海艳，2013. 我国人居适宜性的海拔高度分级研究[D]. 南京：南京师范大学.

杨钰黎，2019. 乡村振兴背景下荥经森林康养产业的发展路径探究[J]. 市场周刊(25)：24-25，36.

叶建仁，2000. 中国森林病虫害防治现状与展望[J]. 南京林业大学学报(6)：2-6.

许志敏，吴建平，2015. 居住区绿地环境与居民身心健康之间的关系——生活满意度的中介作用[J]. 心理技术与应用(6)：7-12.

徐高福，俞益武，许梅琳，等，2018. 何谓森林康养？——基于森林多功能性与关联业态融合的思考[J]. 林业经济(8)：58-60，103.

徐洁华，文首文，邓君浪，2012. 薰衣草精气与精油化学成分的比较[J]. 西南农业学院，25(1)：103-106.

俞益武，2021. 生态康养概论[M]. 北京：科学出版社.

赵眉芳，徐文煦，刘长乐，2019. 森林生态服务认证与森林康养的路径研究[J]. 经济师(1)：288，290.

赵秋月，余坤勇，项佳，等，2019. 森林公园林分结构特征对空间热环境的影响[J]. 福建农林大学学报：自然科学版，48(1)：48-54.

张嘉琦，2020. 基于森林环境与人群感受的森林疗养效果研究[D]. 北京：北京林业大学.

张嘉琦，龚梦柯，吴建平，等，2020. 不同森林环境对人体身心健康影响的研究[J]. 中国园林(2)：118-123.

张绍全，2018. 发展森林康养产业推进现代林业转型升级的思考[J]. 林业经济(8)：42-43.

周彩贤，南海龙，马红，等，2018. 森林疗养师培训教材——基础知识篇[M]. 北京：科学出版社.

GAZZANIGA M S, IVRY R B, MANGUN G R, 2019. 认知神经科学[M]. 北京：中国轻工业出版社.

PARSONS K C, 2000. Environmental ergonomics: a review of principles, methods and models[J]. Applied Ergonomics, 31(6): 581-594.

SONG C, IKEI H, MIYAZAKI Y, 2017. Sustained effects of a forest therapy program on the blood pressure of office workers[J]. Urban Forestry & Urban Greening, 27: 246-252.

附录

贵州省森林康养试点基地建设申报表

申报单位名称(盖章)：

申报森林康养基地名称：

单位通信地址：

联系人：

联系电话：

电子邮箱：

年　月　日

贵州省森林康养试点基地建设申报表

申报单位名称		单位性质	
法定代表人		营业执照编号	
基地注册资金(万元)		基地面积(亩)	
是否有基地规划(是/否)		基地主要树种	
树种年龄		纯林或混交林	
基地林地保护等级		康养步道长度(km)	
基地就业农户数(户)		建档立卡贫困户数(户)	
森林食品(列举3种以上)		住宿床位(个)	
养生产品(列举3种以上)		是否有基地录像资料(是/否)	
基地负离子含量($个/cm^3$)		基地上年度接待人次(万人次)	
基地上年度收入(万元)		基地上年度产值(万元)	
县林业(绿化)局推荐意见		(盖章) 年　月　日	
市(州)林业(绿化)局推荐意见		(盖章) 年　月　日	

备注：1. 本表上交一式三份；2. 以上所有文字申报材料统一用A4纸打印

表1 贵州省级森林康养基地评定总分值

一级指标	基础条件	运营管理	设施建设	康养产品	经济和社会效益
权重分配(a)	0.2(a_1)	0.1(a_2)	0.3(a_3)	0.2(a_4)	0.2(a_5)
评定分值(A)					
总分值(W)					
合计					

注：$W = \sum a_i A_i$。

试点基地负责人签字：

表2 贵州省级森林康养基地基础条件评分表

序号	一级指标	二级指标	三级指标	赋分依据	赋值	得分
1	基础条件（100分）	选址合理性（10分）	基地面积（5分）	≥100hm²，否则不得分	5	
2			交通区位（5分）	基地距离交通枢纽和干线≤2h车程，否则不得分	5	
3		森林质量（25分）	森林覆盖率（10分）	≥65%，否则不得分	10	
4			景观类型（15分）	森林类型多样且包含草地、水域资源	15	
				森林类型多样且包含草地、水域资源中的1项	10	
				森林类型多样，无草地、水域资源	5	
5		生态环境质量（30分）	空气负离子浓度（10分）	空气负离子浓度平均值>1200个/cm³，否则不得分	10	
6			地表水质量（10分）	达到GB 3838—2002的Ⅱ类标准及以上，否则不得分	10	
7			声环境质量（10分）	达到GB 3096—2008的Ⅰ类标准及以上，否则不得分	10	
8		康养林建设（5分）	实施情况（5分）	按规划完成任务或自筹资金完成面积100亩以上康养建设，并出具林业主管部门验收报告，否则不得分	5	
9		总体规划（30分）	—	森林康养总体规划（红线矢量化）通过省级审定	30	
				有森林康养总体规划（红线矢量化），但未经省级审定	15	
基础条件总评分值					—	

表3 贵州省级森林康养基地运营管理评分表

序号	一级指标	二级指标	三级指标	赋分依据	赋值 小计	赋值 分项	得分
1	运营管理（100分）	管理制度（20分）	—	有基地管理制度及专人，否则不得分	20	20	
2		康养服务团队（20分）	—	有完善的康养服务团队及专业指导人员，包括森林康养师、中医师、心理咨询师、营养师、按摩师、针灸师、健身教练等其中4种以上专业指导人员，每少一种扣5分	20	20	
3		管理信息系统（20分）	—	对康养人群进行健康管理，否则不得分	20	20	
4		安全机制及设施(20分)	安全机制	有完整的安全保障机制、防灾应急机制、应急救援机制、紧急救护机制及与医疗机构建立资源共享联动机制等5种以上机制，每少一种扣2分	10	10	
5			安全设施	有完善的消防、防盗、防雷电、救护、食品检测等5种以上安全设施设备，每少一种扣2分	10	10	
6		生物资源保护（20分）	—	有完善的古树名木保护、森林防火、病虫害防治、动植物检疫及其环境保护等5种以上的生物资源保护制度及保护措施，每少一种扣4分	20	20	
			运营管理总评分值		100	—	

表4 贵州省级森林康养基地设施建设评分表

序号	一级指标	二级指标	三级指标	赋分依据	赋值小计	赋值分项	得分
1	设施建设（100分）	基础设施（16分）	康养步道	布局合理，安全可靠，长度≥10km	10	10	
				布局较合理，安全可靠，长度5~10km		8	
				布局一般，安全可靠，长度3~5km		6	
2			停车场及卫生设施	停车场、公厕、垃圾箱规模与接待容量相适应，布点合理，数量充足	3	3	
				停车场、公厕、垃圾箱规模与接待容量不相适应，数量较少		2	
3			给排水设施	供水设施运行良好，水量充足，排水设施完善	3	3	
				供水设施运行一般，水量不够充足，排水设施一般		2	
4		综合服务设施（13分）	接待中心	有接待中心（包含健康管理中心、科普教育中心），面积>1000m²，兼有健康管理、科普教育功能	4	4	
				有接待中心（包含健康管理中心、科普教育中心），面积500~1000m²，兼有健康管理、科普教育功能		2	
				有接待中心（包含健康管理中心、科普教育中心），面积200~500m²，兼有健康管理、科普教育功能		1	
5			住宿设施	床位≥100个，配套设施达到三星级酒店标准；每减少50个床位，扣1分	3	3	
6			餐饮设施	餐位≥200个，每减少50个餐位，扣1分，扣完为止	3	3	
7			康养商品展示区	有固定的展示区域，面积≥60m²，展示康养商品种类20种	3	3	
				有固定的展示区域，面积≥60m²，展示康养商品种类10种		2	
				有固定的展示区域，面积≥60m²，展示康养商品种类低于10种		1	

(续)

序号	一级指标	二级指标	三级指标	赋分依据	赋值 小计	赋值 分项	得分
8	设施建设（100分）	康养服务设施（71分）	健康管理中心	配置亚健康分析仪（人体能量检测仪）（20分），配备舌面脉信息采集体质辨识系统（中医四诊仪）（5分）、多功能自助体检机（5分），在此基础上，每增加糖基化检测仪、睡眠监测设备、慢病微循环调理系统中的一种设备加1分，3项设备都有则加5分	35	35	
9			林中康养场所	有森林浴场、瑜伽场、冥想空间、森林禅修室、自然观察径等其中4种以上的康养场所，每减少1种扣2分	8	8	
10			生态环境监测系统	有生态环境监测系统，连接到省级林业主管部门的门户网站上	15	15	
				有生态环境监测系统，未连接到省级林业主管部门的门户网站上		5	
11			休闲中心	有休闲中心，文化娱乐、体育健身活动设施齐全，能够容纳100人开展文化娱乐、体育健身活动	3	3	
				有休闲中心，文化娱乐、体育健身活动设施较少，能够容纳50～100人开展文化娱乐、体育健身活动		2	
12			标识系统	有完善的森林康养标识系统，康养文化标识牌、导览标识牌、安全标识牌等数量充足	10	10	
				有完善的森林康养标识系统，康养文化标识牌、导览标识牌、安全标识牌等数量一般		7	
				有森林康养标识系统，但康养文化标识牌、导览标识牌、安全标识牌等数量较少		5	
		设施建设总评分值			100	—	

表 5 贵州省级森林康养基地康养产品评分表

序号	一级指标	二级指标	三级指标	赋分依据	赋值 小计	赋值 分项	得分
1	康养产品（100分）	产品设置（20分）	特色性	特色突出，能突出当地生态资源特色、民族特色或文化特色	10	10	
				特色明显，能突出当地生态资源特色、民族特色或文化特色		8	
				特色一般，基本能突出当地生态资源特色、民族特色或文化特色		6	
2			康养方案	有具备基地特色的3天2夜康养方案，包括膳食养生、运动导引、保健咨询3项内容，且内容丰富	10	10	
				有具备基地特色的3天2夜康养方案，包括膳食养生、运动导引、保健咨询中的2项内容，且内容较为丰富		7	
				有具备基地特色的3天2夜康养方案，包括膳食养生、运动导引、保健咨询中的1项内容，且内容一般		4	
3		产品种类（70分）	康复疗养类产品	在中医疗养、温泉疗养、园艺疗养、森林疗养中至少已开发3种产品，每少一种产品扣5分	15	15	
4			保健养生类产品	在森林浴、森林冥想、森林禅修、森林宣泄中至少已开发3种产品，每少一种产品扣5分	15	15	
5			运动健身类产品	在林中漫步、慢跑、登山、瑜伽、太极、素质拓展中至少已开发3种产品，每少一种产品扣5分	15	15	
6			自然教育类产品	在森林课堂、营地教育、自然观察、林下采集、手工制作中至少已开发3种产品，每少一种扣5分	15	15	
7			康养食品	结合当地资源特色提供5种以上药膳食疗食品，否则不得分	10	10	
8		产品营销（10分）	营销制度及方式	有营销管理制度及专人，否则不得分	5	5	
9			节庆活动	有具特色的主题活动，且有档案资料，否则不得分	5	5	
康养产品总评分值					100	—	

表 6 贵州省级森林康养基地经济社会效益评分表

序号	一级指标	二级指标	赋分依据	赋值 小计	赋值 分项	得分
1	经济和社会效益（100分）	累计投入资金量（20分）	投入资金≥3.0亿元	20	20	
			投入资金1.0亿~3.0亿元		15	
			投入资金≤1.0亿元		10	
2		年接待康养人次（20分）	年接待康养人数≥10万人次	20	20	
			年接待康养人数5万~10万人次		15	
			年接待康养人数≤5万人次		10	
3		森林康养经营收入（20分）	年均森林康养经营总收入≥500万元	20	20	
			年均森林康养经营总收入200万~500万元		15	
			年均森林康养经营总收入≤200万元		10	
4		助推乡村振兴（20分）	提供就业岗位数≥35人，人均月收入≥2000元	20	20	
			提供就业岗位数20~35人，人均月收入≥2000元		15	
			提供就业岗位数≤20人，人均月收入≥2000元		10	
5		康养基地宣传（20分）	在国家级媒体上宣传且有档案资料	20	20	
			在省级媒体上宣传且有档案资料		15	
			在市(州)级媒体上宣传且有档案资料		10	
			在县(市)级媒体上宣传且有档案资料		5	
			经济和社会效益总评分值	100	—	

20××年国家级森林康养试点建设基地认定申请表

申请基地名称：[命名规范：××省(自治区、直辖市)××市××县(市、区)××森林康养基地]

申请主体单位名称(公章)：

联合申请单位名称(公章)：

主体单位通信地址：

负责人：

联系电话：

电子邮箱：

申请日期：　　年　月　日

中国林业产业联合会监制

【基础信息】

申请主体单位信息				
申请主体单位名称				
单位性质		主管单位		
申请基地名称	[命名规范：××省(自治区、直辖市)××市××县(市、区)××森林康养基地]			
法定代表人		联系电话		
单位联系人		联系电话		
传　真		邮　编		
电子邮箱		基地官网		
微信公众号		微博号/抖音号		
申请主体单位营业执照注册名称				
基地通信地址				
基地初建时间		(××××年××月)		

接待客户人数和收入情况	近4年接待客户人数(万人次)				近4年生态旅游收入(万元)			
^	2019年	2020年	2021年	2022年	2019年	2020年	2021年	2022年
^								
^	近4年森林康养收入(万元)				森林康养收入占总营收比例			
^	2019年	2020年	2021年	2022年	2019年	2020年	2021年	2022年
^								

2022年客流量主要类型、占比	客户类型	占比(%)
^	传统旅游型	
^	康养型	
^	养老型	
^	休闲度假型	
^	自然教育(研学)型	

2022年基地收入规模(单位：万元)	
2022年基地利润规模(单位：万元)	
基地投资总规模(单位：万元)	
其中2022投资总额(单位：万元)	
计划2023年投资总额(单位：万元)	
投资资金来源	□财政拨款　□机构投资　□企业自筹

联合申请单位信息			
联合申请单位名称			
与申请主体单位关系		联系人	
电　话		邮　箱	
通信地址			
联合申请单位情况简介	(主要描述：联合申请单位基本信息、单位实力、在基地森林康养业态发展中起到的作用)		

【基地基础情况】

森林康养环境情况			
基地面积(hm²)		基地内森林面积(hm²)	
基地及毗邻森林总面积(hm²)		基地内森林覆盖率	
近成熟林比例		郁闭度	
负离子含量(个/cm³)		最高海拔(m)	
平均海拔(m)		最低气温(℃)	
年平均气温(℃)		湖泊(个)	
瀑布(个)		河(溪)流长度(km)	
主要树种			
基地类型	□生态康养类 □科技医养类 □自然教育类 □养老类 □运动休闲类 □中医药养生类 □其他类		
地表水环境质量	□Ⅰ类 □Ⅱ类 □Ⅲ类 □Ⅳ类 □Ⅴ类(参照 GB 3838—2002 执行)		
森林康养核心区声环境	□0类 □1类 □2类 □3类 □4类(参照 GB 3096—2008 标准执行)		
大气	AQI 空气质量年平均指数____，年优良天数____d(参照 GB 3095—2012 执行)		
基础设施情况			
是否有门票	□有 □无	门票价格(多种门票分别填写)	
基地酒店接待能力(床位数)			
普通客房(床位数)		康养主题客房(床位数)	
住宿价位区间(单位：元，如200~500元；多个客房类型请分别备注)			
基地餐饮接待能力(可容纳就餐人数)			
用餐价位区间(单位：元/人，如50~100元/人；多个餐厅类型请分别备注)			
会议接待能力(会场面积，单位：m²；多个会场请分别备注)			
购物场所		数量____个，面积____m²	
游览车道路长度	____km	森林康养步道长度	____km
停车场	数量____处，车位____个	科普宣教场馆	数量____个，面积____m²
宣教材料	宣教视频____个，图册____本	导引系统	导引/标识牌____个
与市区距离	距离____km 车程____h	与机场距离	距离____km 车程____h
与高铁站距离	距离____km 车程____h	与火车站距离	距离____km 车程____h
康养场所	体检中心面积____m²，养老中心面积____m²，康复中心面积____m²；其他康养场所____m²		

(续)

无障碍设施	是否按照 GB 50763—2021 第 3 项要求执行	□是 □否
	无障碍设施符号是否按照 GB/T 10001.9—2008 执行	□是 □否
医疗应急设施	是否具备救护条件	□是 □否
	是否与当地卫生医疗机构建立合作机制	□是 □否
防灾应急体系	是否制定生产安全、食品安全、拥挤踩踏、防恐防暴等突发事件应急预案	□是 □否
	应急设施设备是否经消防部门检查合格	□是 □否
种养基地	种植种类___、___、___、___，面积___m²	
	养殖种类___、___、___、___，面积___m²	
员工总人数		康养技术人员人数	
贫困户员工人数		自然教育人员(含解说员)人数	

森林康养专业人才队伍培养情况	近4年员工总人数				近4年森林康养专业人员人数			
	2019年	2020年	2021年	2022年	2019年	2020年	2021年	2022年
	近4年吸纳贫困户从业总人数				近4年自然教育员工总人数			
	2019年	2020年	2021年	2022年	2019年	2020年	2021年	2022年

【森林康养服务/产品】

森林康养-餐宿情况				
森林康养主题房	□有 □无	主题房建设计划	□有 □无
(森林康养主题房特色介绍，有则填写)				
健康菜餐厅(药膳等)	□有 □无	健康菜打造计划	□有 □无
(健康菜餐厅特色介绍，有则填写)				
森林康养中心	□有 □无	康养中心建设计划	□有 □无
自然教育营地	□有 □无	教育营地建设计划	□有 □无
森林康养-养生项目				
□中医按摩	□抗衰老	□排毒养生	□特色药膳
□阿育吠陀	□针灸	□艾灸	□辟谷
□科技健康	□运动疗法	□自然疗法(森林浴、森林漫步等)	□器械疗法
□正念冥想、禅修	□养生温泉	□特色药浴	□热能疗法
□养生功法(太极、瑜伽等)	□水疗SPA	□苗医苗药	□壮医壮药
其他养生项目(对人身心健康有所帮助的基地项目，有则填写，无则不填)				
(可另附页)				

(续)

森林康养-运动休闲项目			
□骑行	□篮球	□网球	□游泳
□门球	□高尔夫	□游艇	□红酒品尝
□棋牌	□街舞	□马术	□演艺表演
□露营	□房车	□钓鱼	□自然教育
其他运动休闲项目(有则填写,无则不填)			
(可另附页)			

森林食品饮品(产品名录)	
森林文化赛事/活动	(如征文、诗歌会、音乐节、马拉松、持杖行走等,填写赛事、活动、作品名称)
现有森林康养主题服务套餐	(如3天2夜森林康养减压套餐、4天3夜森林康养中医养生套餐、5天4夜森林康养排毒套餐。根据实际情况填写,服务套餐行程安排另需提交文本)

【申请单位其他信息】

申请主体的基本情况(包括森林康养基地基本情况,500字以内)
森林康养产业发展情况(500字以内)
基地优势[森林资源、区位优势、产业链、发展规模、社会合作、管理保障、三大效益(生态效益、社会效益、经济效益)等方面的情况,1500字以内]

（续）

下一步工作思路（500字以内）
其他需要说明的事项

【各级林草主管部门意见】

县级林草主管部门意见	（盖章） ___年___月___日	市级林草主管部门意见	（盖章） ___年___月___日
省级林草主管部门或行业协会意见	（盖章） ___年___月___日	中国林业产业联合会意见	（盖章） ___年___月___日

备注：

1. 本表上交一式三份，加盖申请单位公章及属地林草主管部门印章；
2. 以上所有文字材料统一用 A4 纸打印装订成册；
3. 视频使用光盘刻录或 U 盘拷贝。